工程制图习题集

主　编　王　琳　张铭真
副主编　宋丕伟　张宇白
主　审　刘　军

北京理工大学出版社
BEIJING INSTITUTE OF TECHNOLOGY PRESS

内 容 简 介

本习题集与由王琳、宋丕伟主编,北京理工大学出版社出版的《工程制图》教材配套使用,编排顺序与教材体系保持一致,习题的难易程度呈阶梯排列,具有一定的伸缩性,以便教师根据不同的要求灵活选用。

本习题集的主要内容有:制图的基本知识和基本技能、投影基础、立体的投影、组合体、图样画法、标准件与常用件、零件图、装配图。

本习题集适用于高等工科院校相关专业32~96学时工程制图课程的教学,也可供高专院校、函授大学、电视大学相应专业以及有关工程技术人员参考。

版权专有　侵权必究

图书在版编目(CIP)数据

工程制图习题集/王琳,张铭真主编. —北京:北京理工大学出版社,2018.8(2021.8重印)
ISBN 978-7-5682-6113-5

Ⅰ. ①工…　Ⅱ. ①王…②张…　Ⅲ. ①工程制图–高等学校–习题集　Ⅳ. ①TB23-44

中国版本图书馆 CIP 数据核字 (2018) 第 189625 号

出版发行 /	北京理工大学出版社有限责任公司
社　　址 /	北京市海淀区中关村南大街5号
邮　　编 /	100081
电　　话 /	(010)68914775(总编室)
	(010)82562903(教材售后服务热线)
	(010)68948351(其他图书服务热线)
网　　址 /	http://www.bitpress.com.cn
经　　销 /	全国各地新华书店
印　　刷 /	三河市天利华印刷装订有限公司
开　　本 /	787毫米×1092毫米　1/16
印　　张 /	12
插　　页 /	3
字　　数 /	153千字
版　　次 /	2018年8月第1版　2021年8月第4次印刷
定　　价 /	34.00元

责任编辑 / 梁铜华
文案编辑 / 曾　仙
责任校对 / 周瑞红
责任印制 / 李志强

图书出现印装质量问题,请拨打售后服务热线,本社负责调换

前　　言

　　本习题集按照教育部工程图学教学指导委员会于 2015 年提出的"普通高等学校工程图学课程教学基本要求"和"普通高等学校计算机图形学基础课程教学基本要求"，全面贯彻最新颁布的《技术制图》和《机械制图》国家标准，总结并吸取了近年来教学改革的成功经验，适合于高等工科院校相关专业 32～96 学时工程制图课程的教学。

　　本习题集的编写工作由大连科技学院的王琳、张铭真、宋丕伟、张宇白、吕海霆、董淑婧、于丹丹、李雪莱和大连交通技师学院的许维亮、大连航运职业技术学院的刘丽晶完成。具体分工为：张宇白编写第 1 章和第 7 章；许维亮编写第 2 章；张铭真编写第 3 章；宋丕伟编写第 4 章；吕海霆、董淑婧和刘丽晶编写第 5 章；王琳编写第 6 章和第 8 章；于丹丹和李雪莱制作习题答案（电子资源）。本习题集由大连科技学院的刘军教授主审。

　　本习题集在编写过程中参考了相关教材、习题集等文献，在此谨向有关作者表示衷心的感谢。

　　由于编者水平有限，书中不当之处在所难免，敬请读者批评指正。

编　者

2018 年 6 月

目　　录

第 1 章　制图的基本知识和基本技能 ………………………………………………………………… 1

第 2 章　投影基础 ……………………………………………………………………………………… 8

第 3 章　立体的投影 …………………………………………………………………………………… 22

第 4 章　组合体 ………………………………………………………………………………………… 30

第 5 章　图样画法 ……………………………………………………………………………………… 46

第 6 章　标准件与常用件 ……………………………………………………………………………… 65

第 7 章　零件图 ………………………………………………………………………………………… 77

第 8 章　装配图 ………………………………………………………………………………………… 85

参考文献 ………………………………………………………………………………………………… 94

第 1 章　制图的基本知识和基本技能

1-1　字体练习。

机械制图国家标准技术要求

滚动轴承齿轮油泵螺纹阶梯剖视断面

ABCDEFGHIJKLMNOPQRSTUVWXYZ

0123456789∅　　abcdefghijklmnopqrstuvwxyz

Ⅰ Ⅱ Ⅲ Ⅳ Ⅴ Ⅵ Ⅶ Ⅷ Ⅸ Ⅹ

10^2　$\phi30^{+0.010}_{-0.015}$　M20-5g6g-s　C2　45°

1-2　参照下图，按给定尺寸以 1∶2 的比例画出图形并标注。

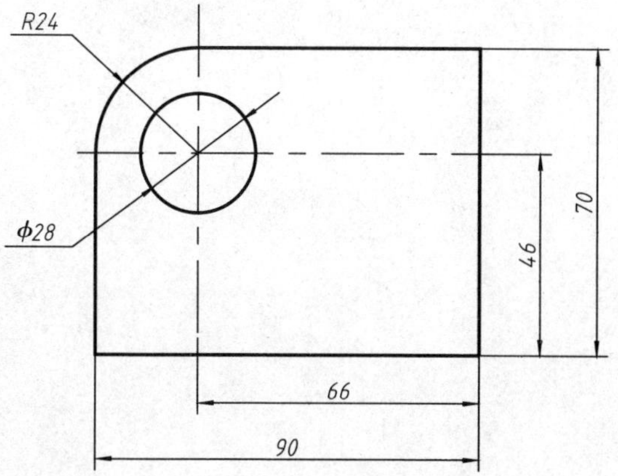

班级		姓名		学号		审阅		1

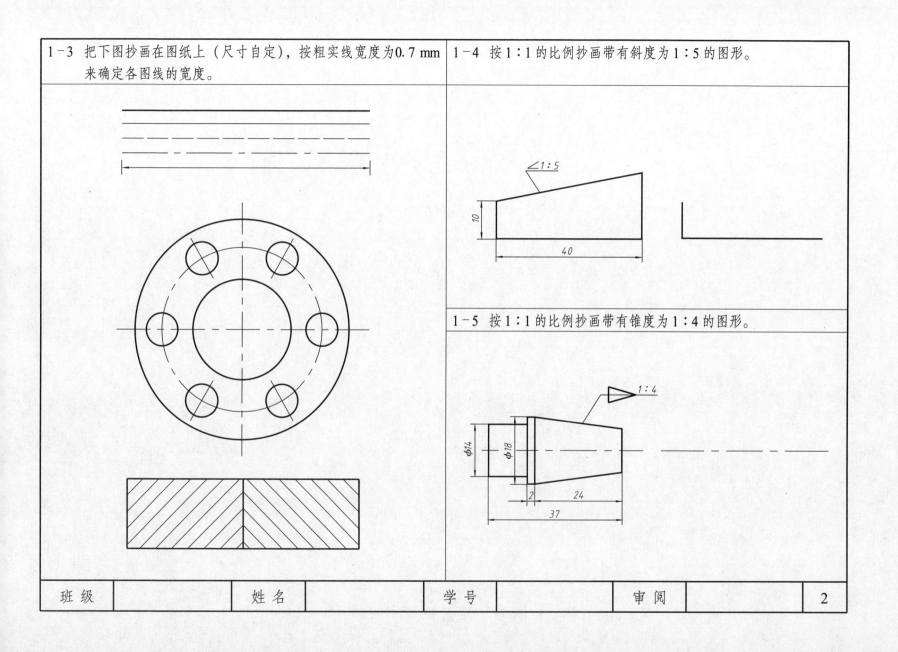

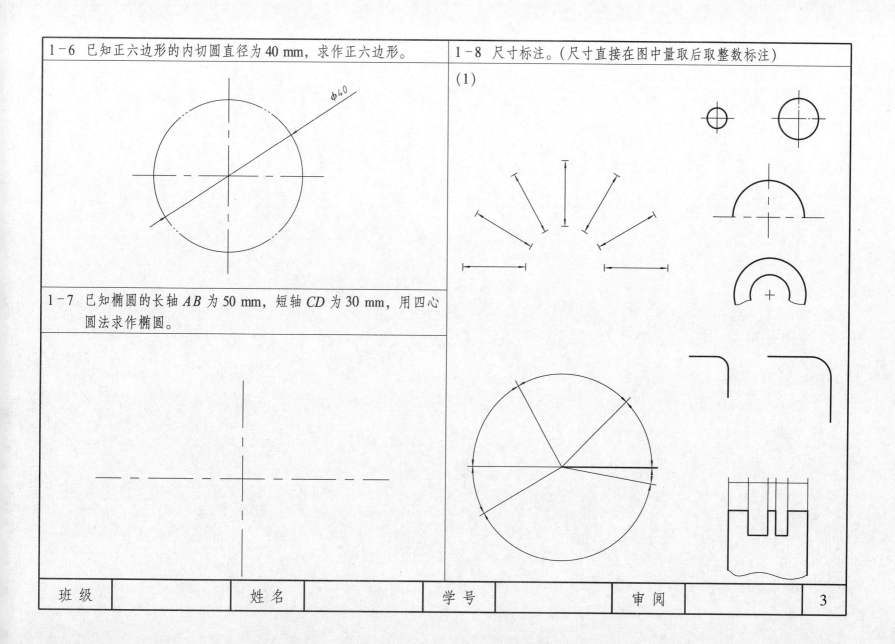

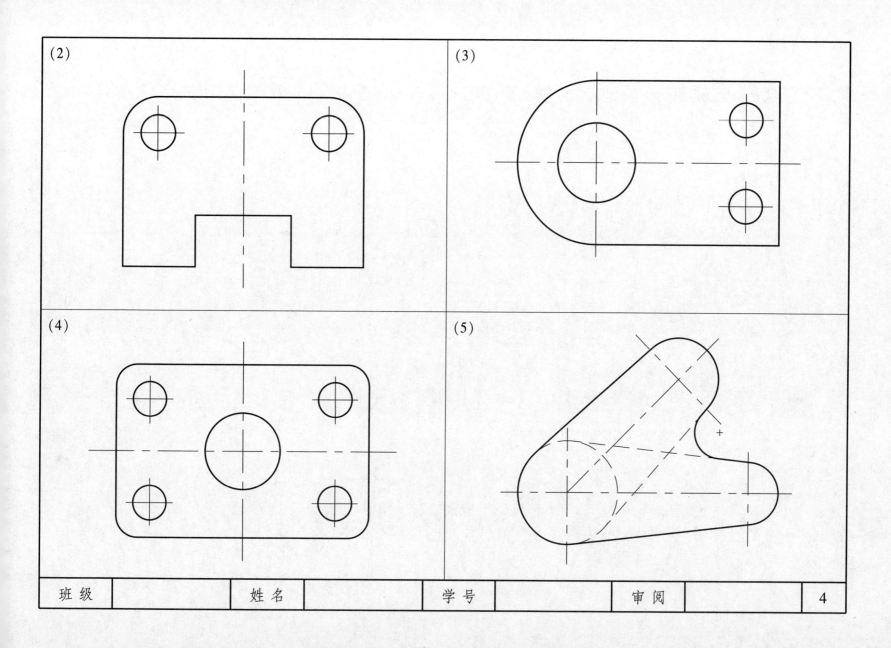

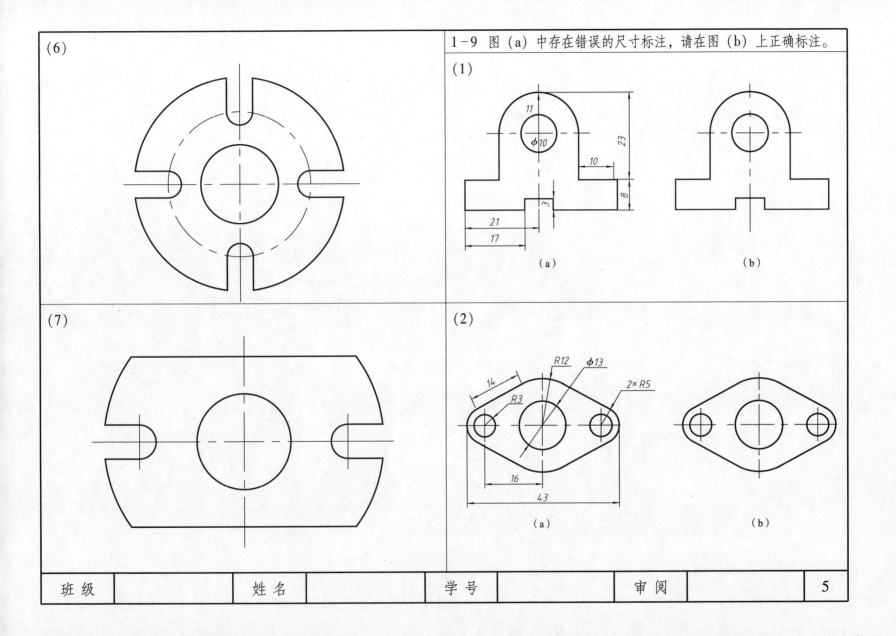

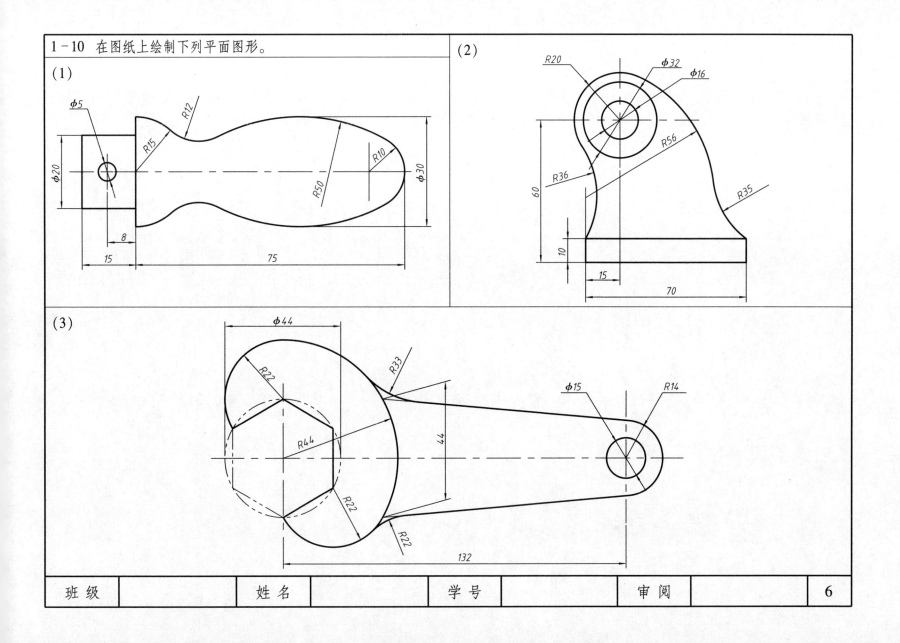

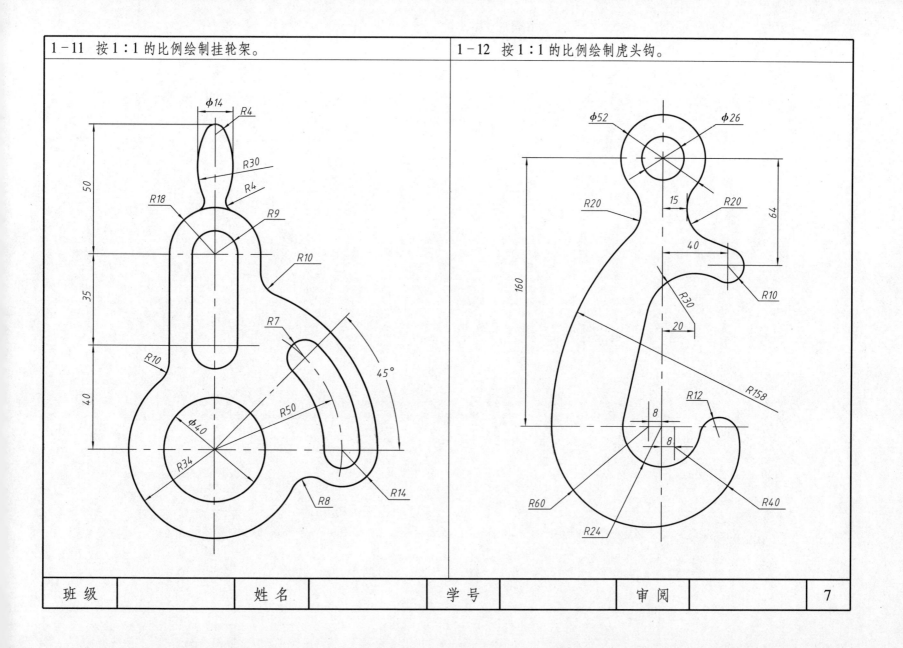

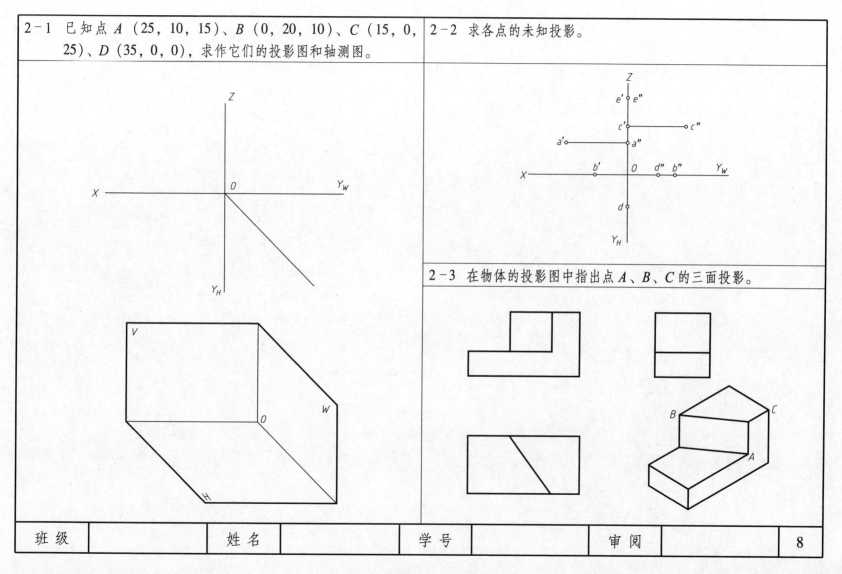

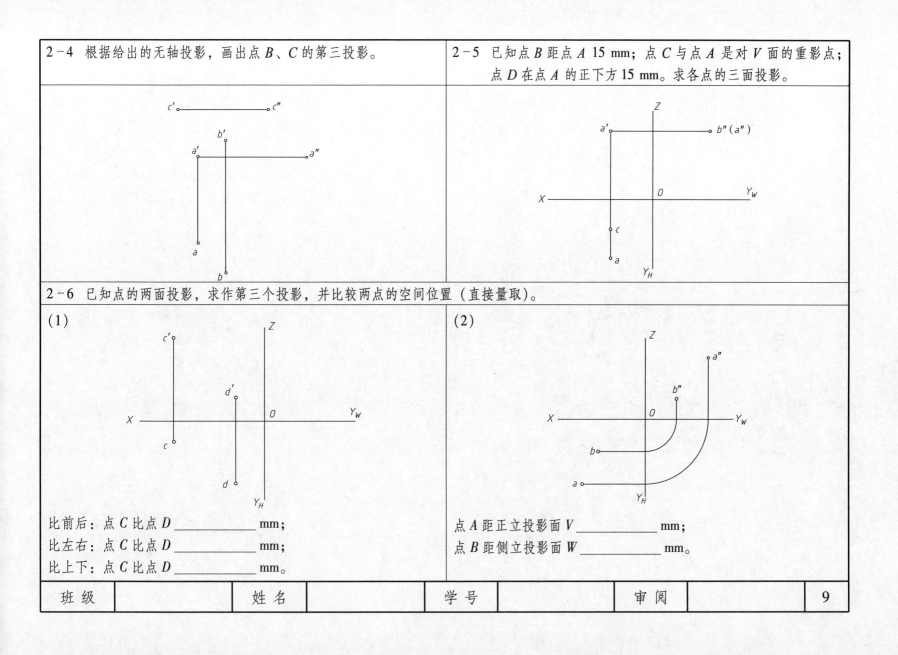

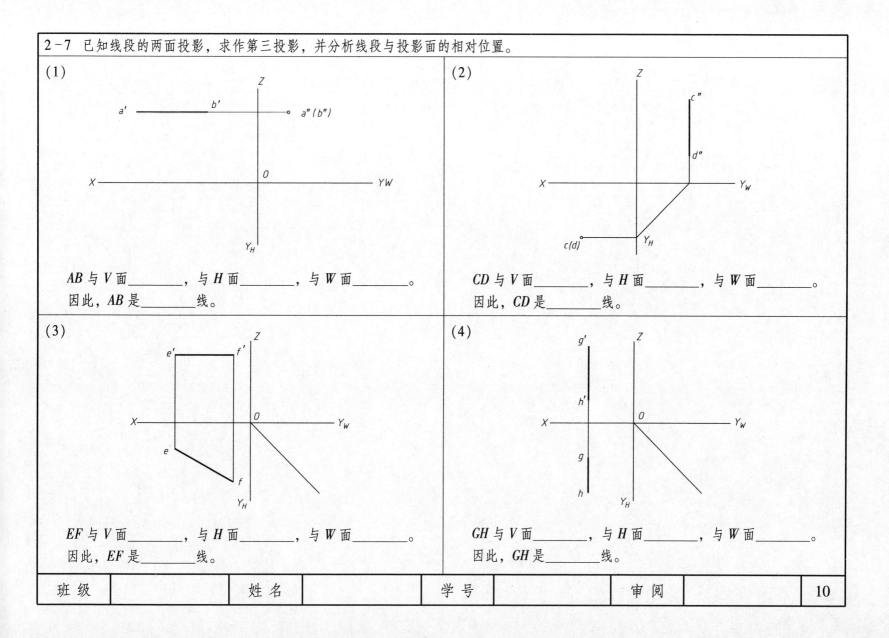

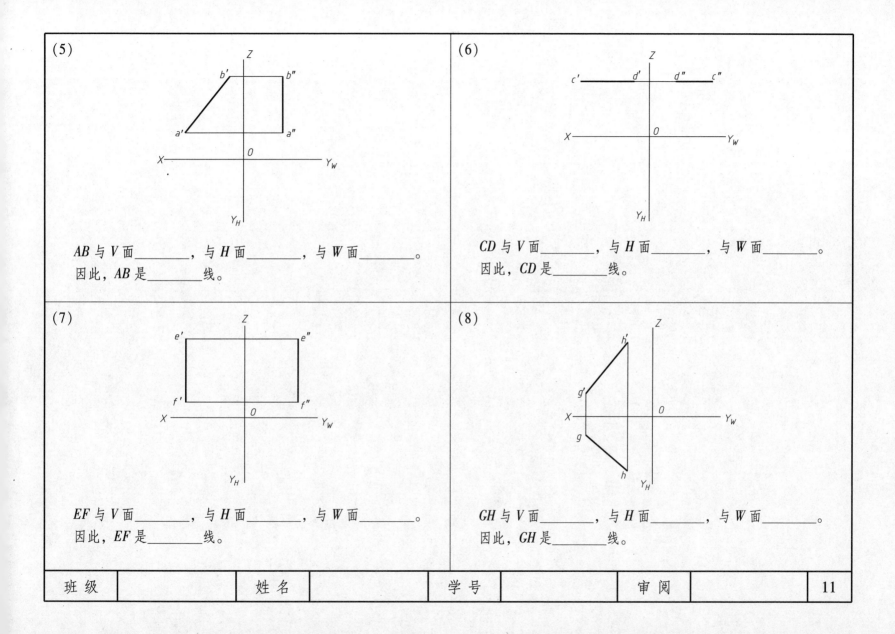

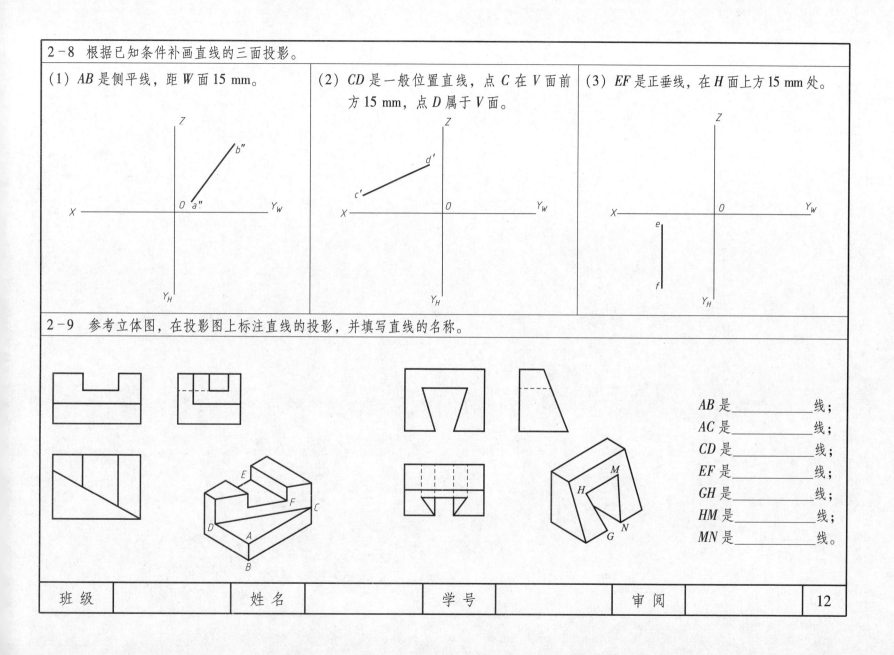

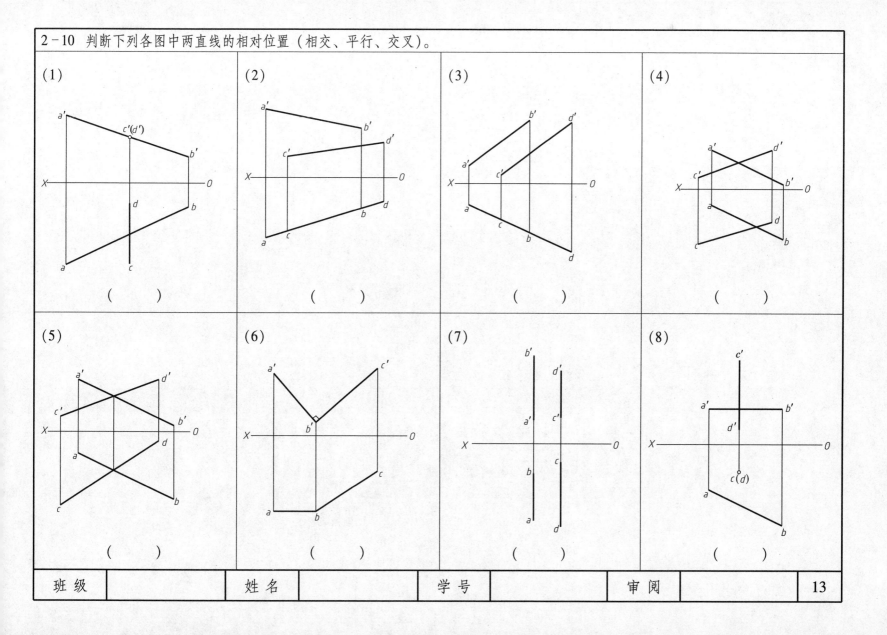

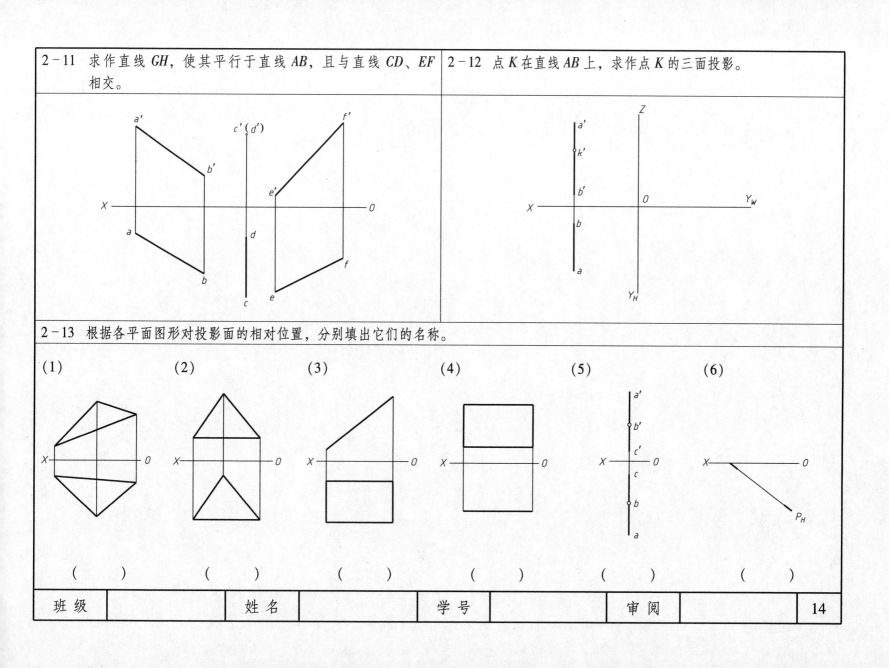

2-14 点 C 在直线 AB 上，且 AC = 10 mm。求作点 C 的两面投影。	2-15 点 C 在直线 AB 上，且 AC:CB = 2:1，求作点 C 的两面投影。	2-16 已知点 B 距 H 面 15 mm，求作直线 AB 的三面投影。
2-17 在直线 AB 上求一点 K，使 BK = 15 mm。	2-18 利用直角三角形法求直线 AB 的实长和 α、β 角。	2-19 求 AB 的实长和对 W 投影面的倾角。

| 班级 | | 姓名 | | 学号 | | 审阅 | |

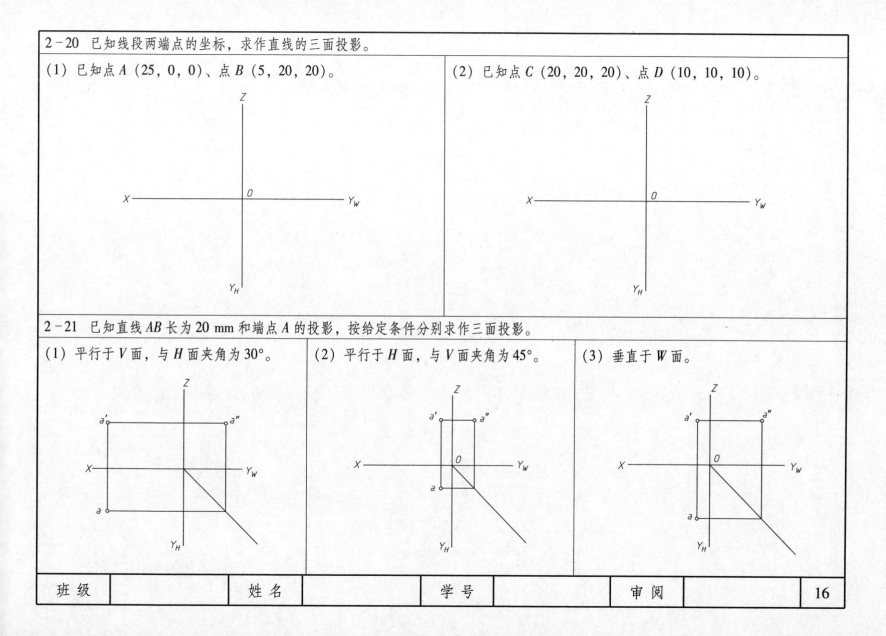

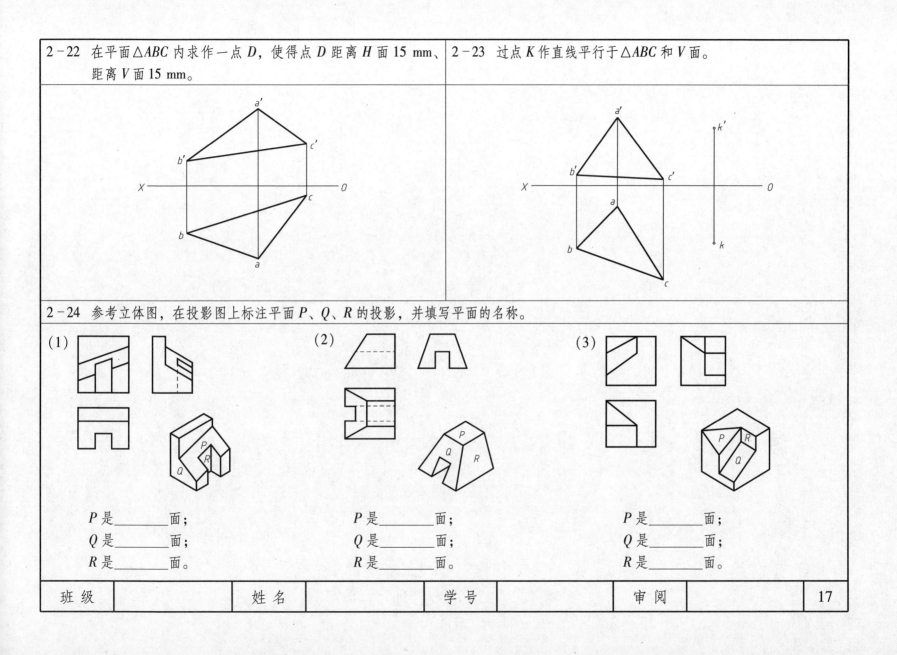

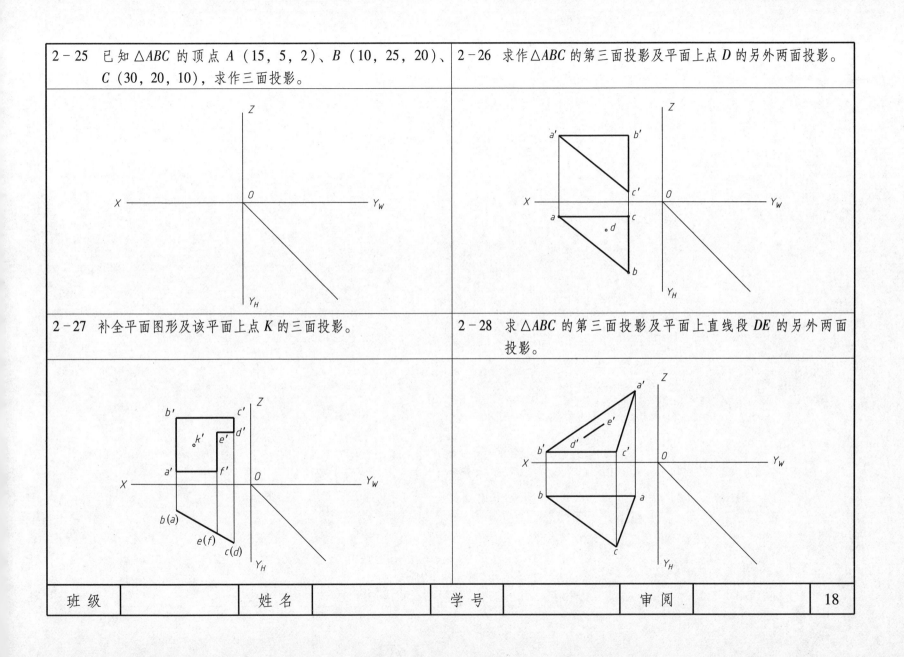

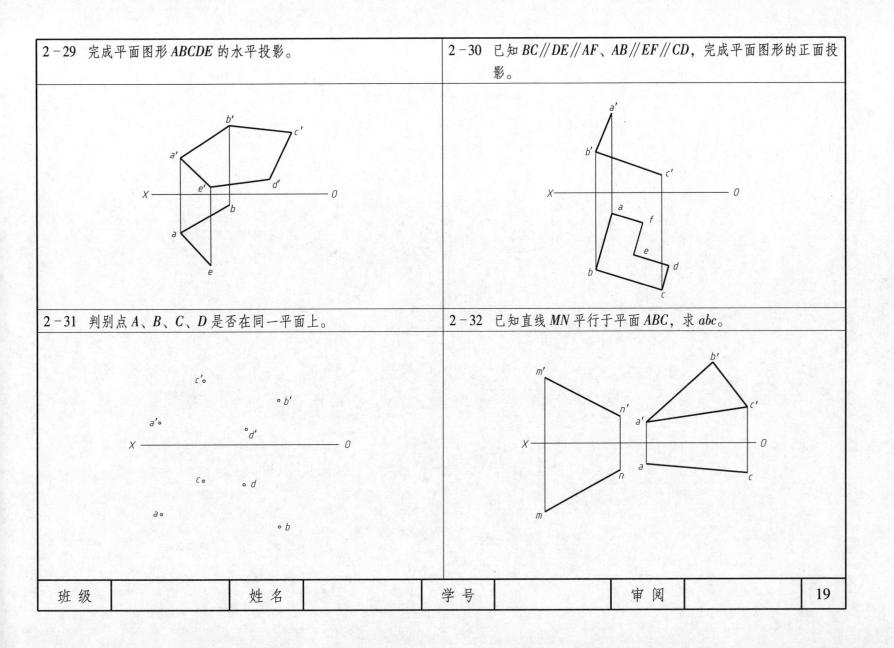

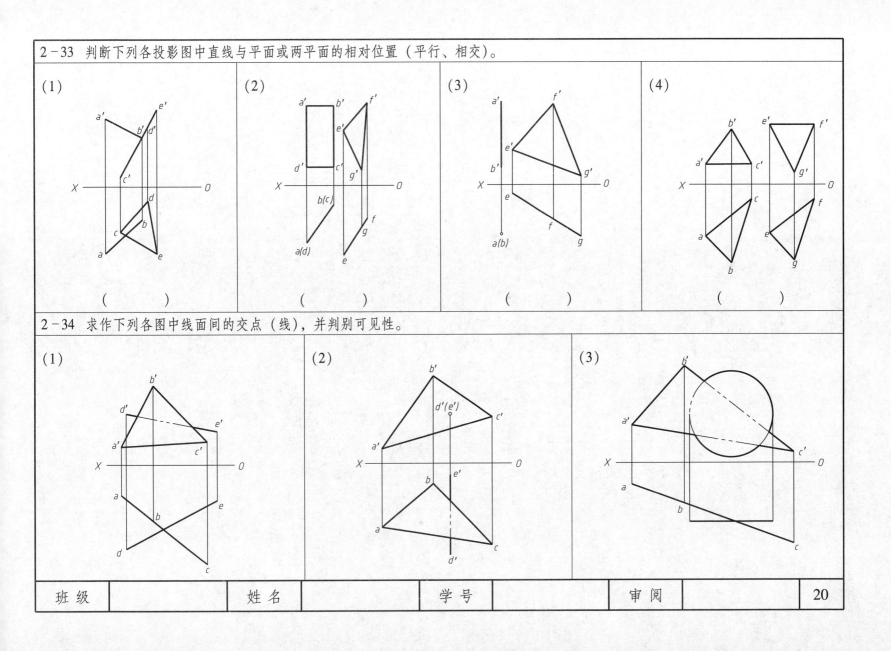

2-35 用换面法求线段 AB 的实长和倾角 β。	2-36 用换面法求平行两直线间的距离。	2-39 用换面法求作直线 AB、CD 的公垂线。
2-37 已知线段 AB 的实长为 20 mm,作出线段 AB 的水平投影。	2-38 用换面法求∠ACB 的大小。	

第3章 立体的投影

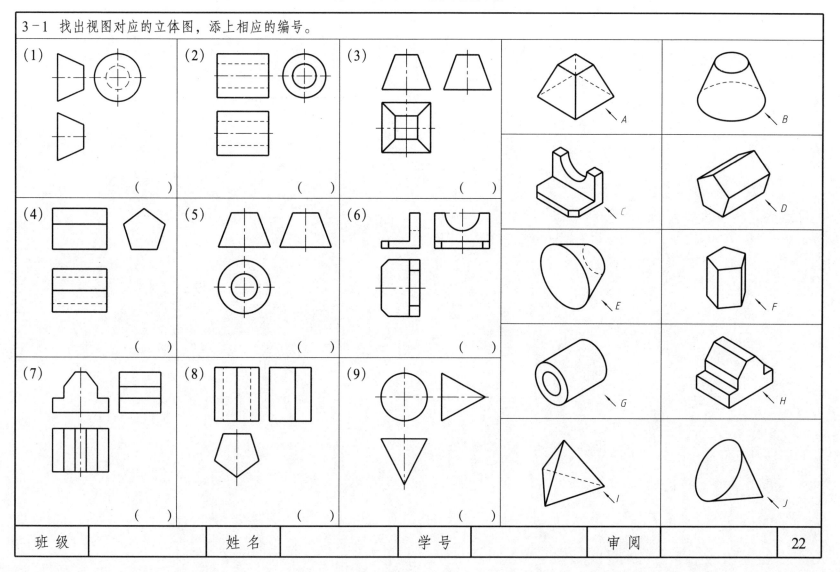

3-2 补全立体及其表面上点的三面投影。

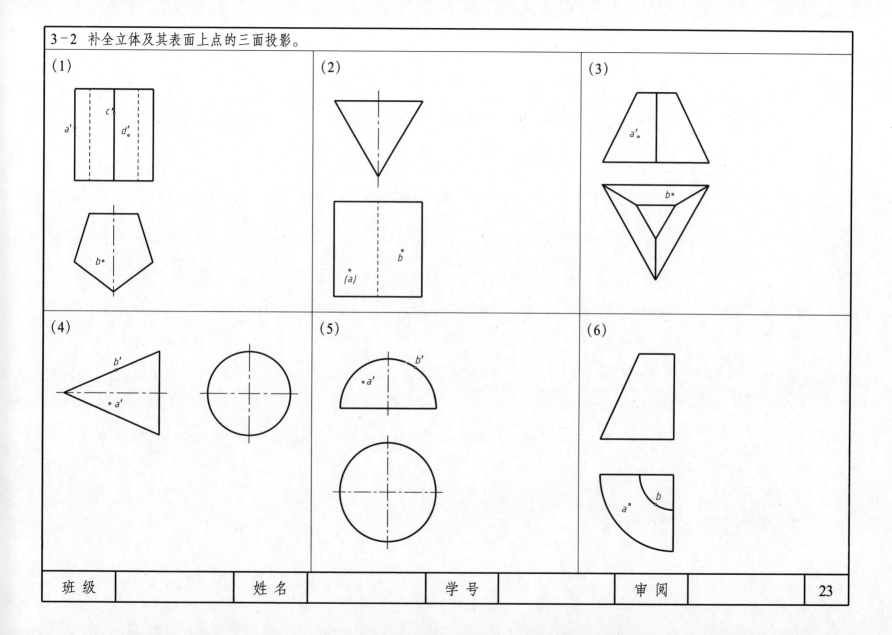

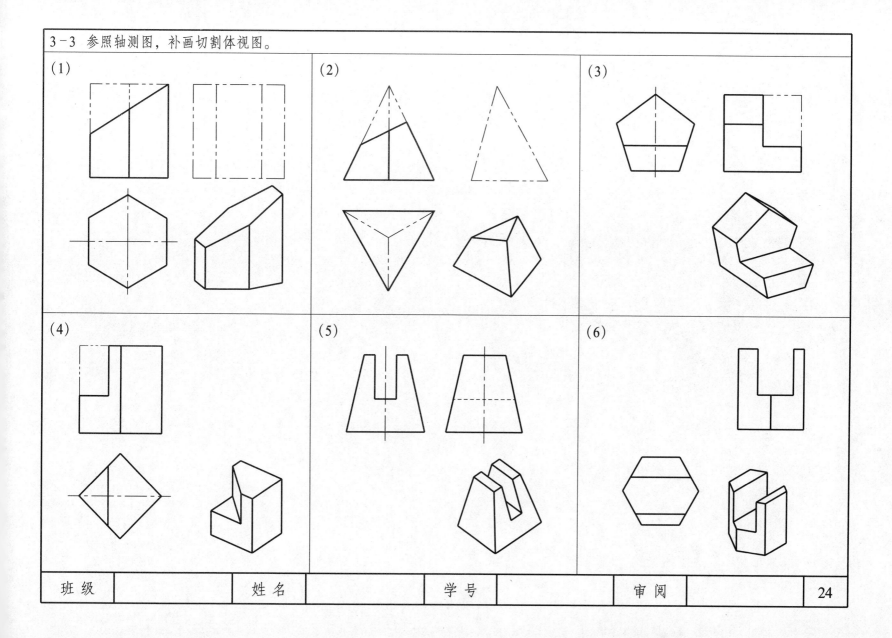

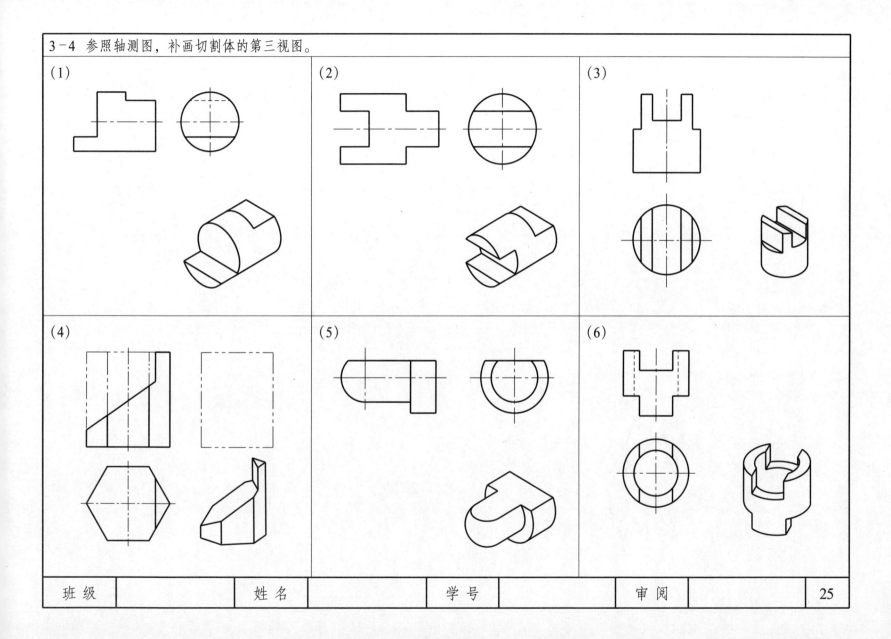

3-5 参照轴测图，补画切割体的第三视图。

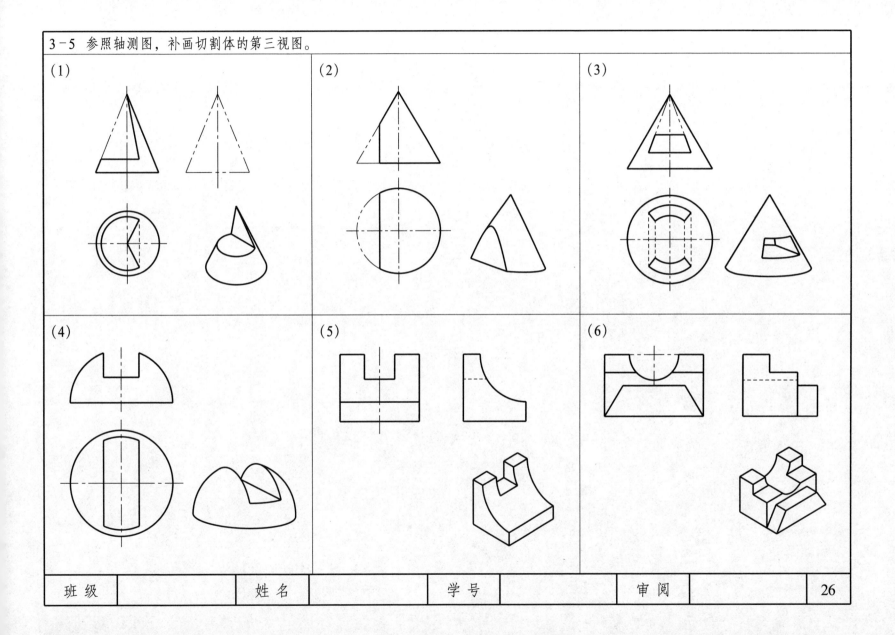

3-6 用描点法求作两立体表面相贯线的投影。

(1)

(2)

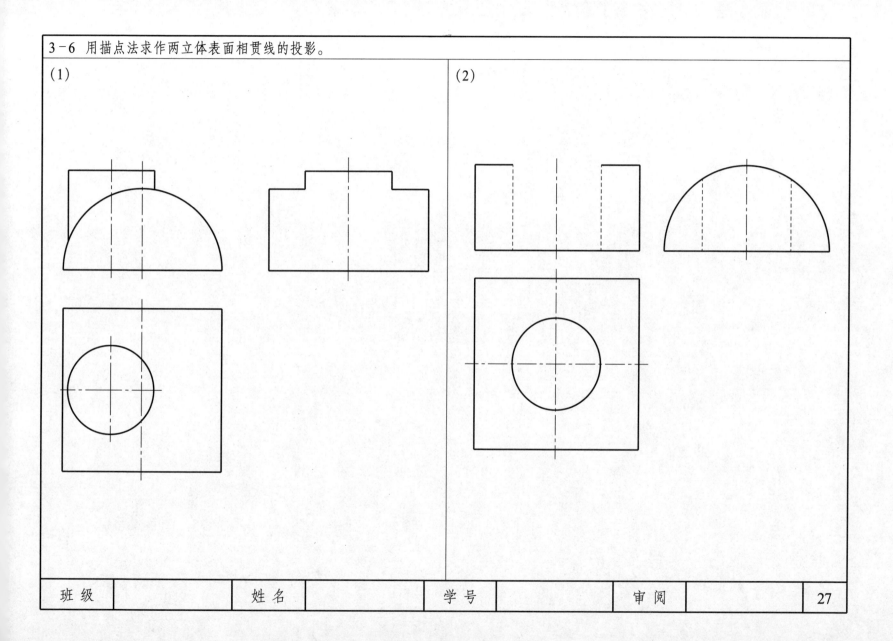

3-7 参照轴测图，补画相贯体的第三视图。

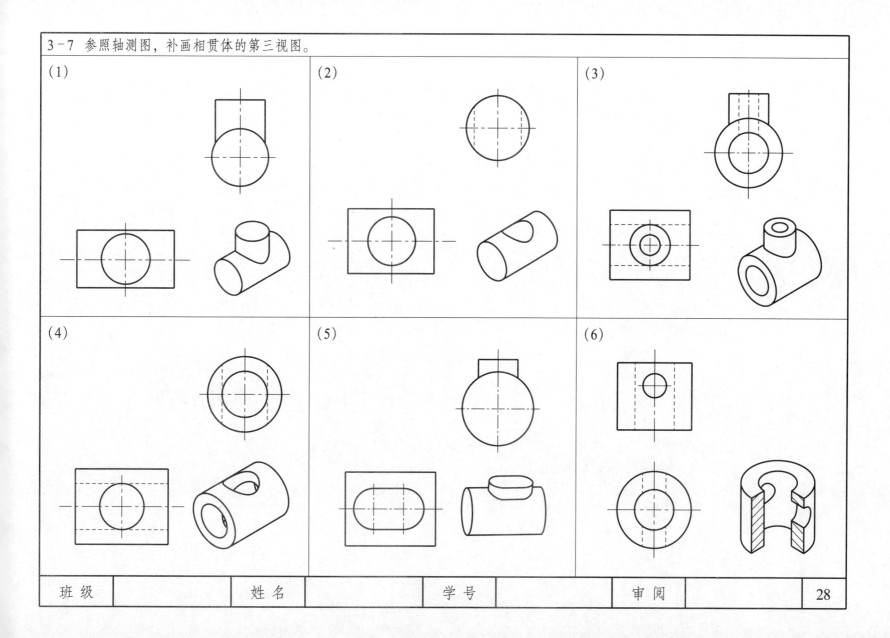

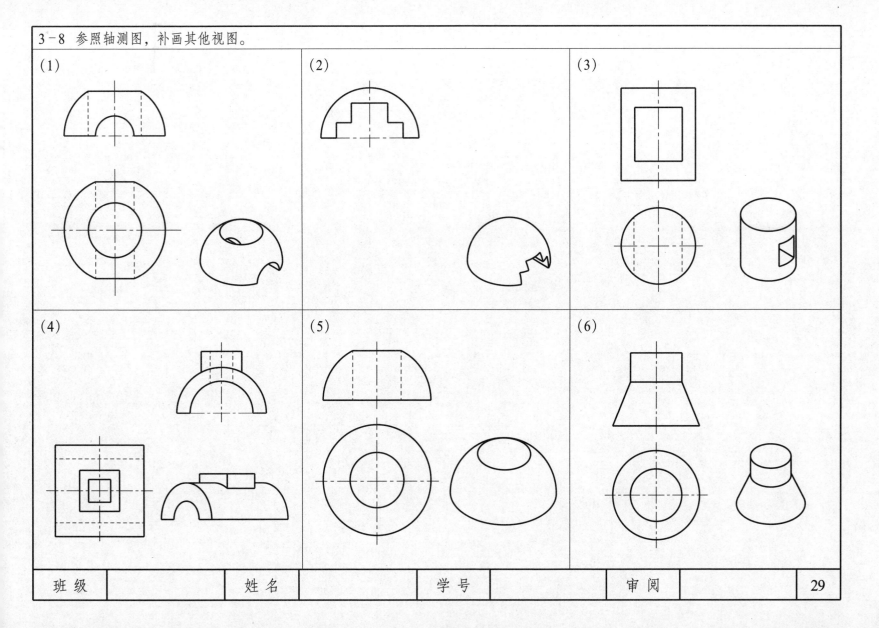

第 4 章 组 合 体

4-1 参照轴测图，补画组合体的第三视图。

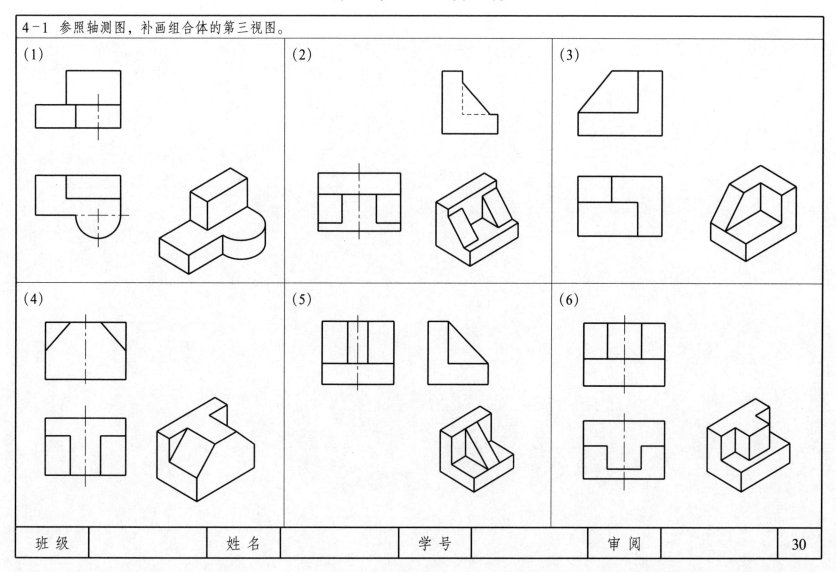

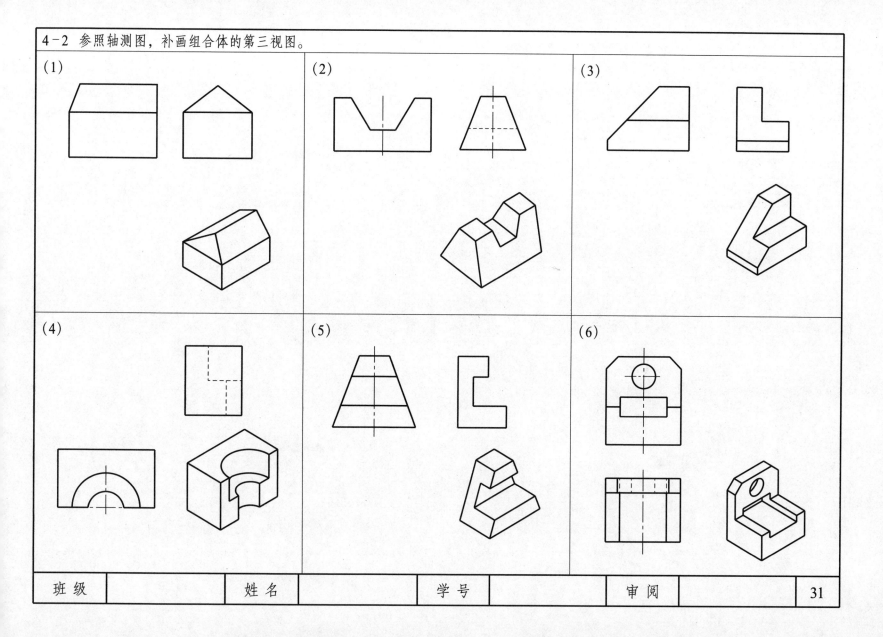

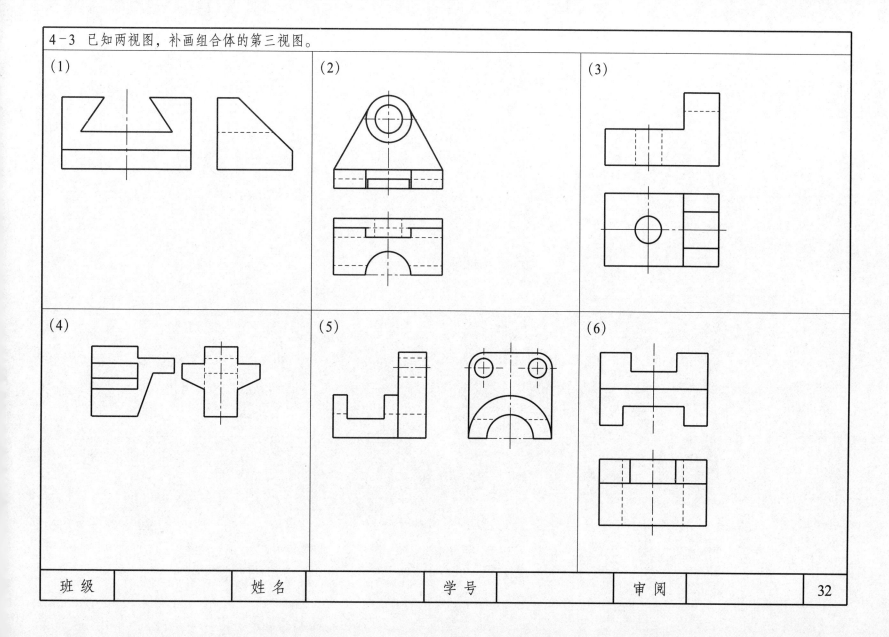

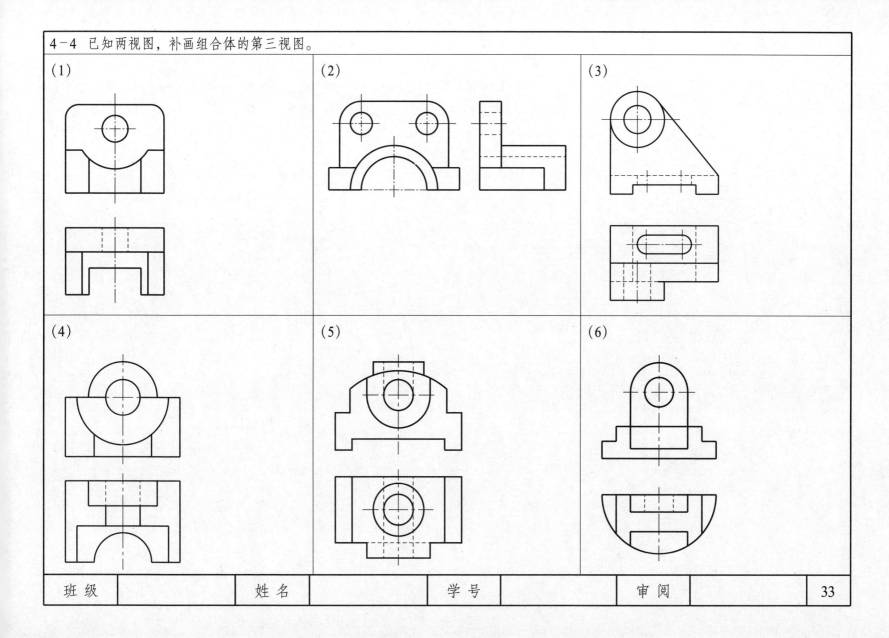

4-5 已知两视图，补画组合体的第三视图。

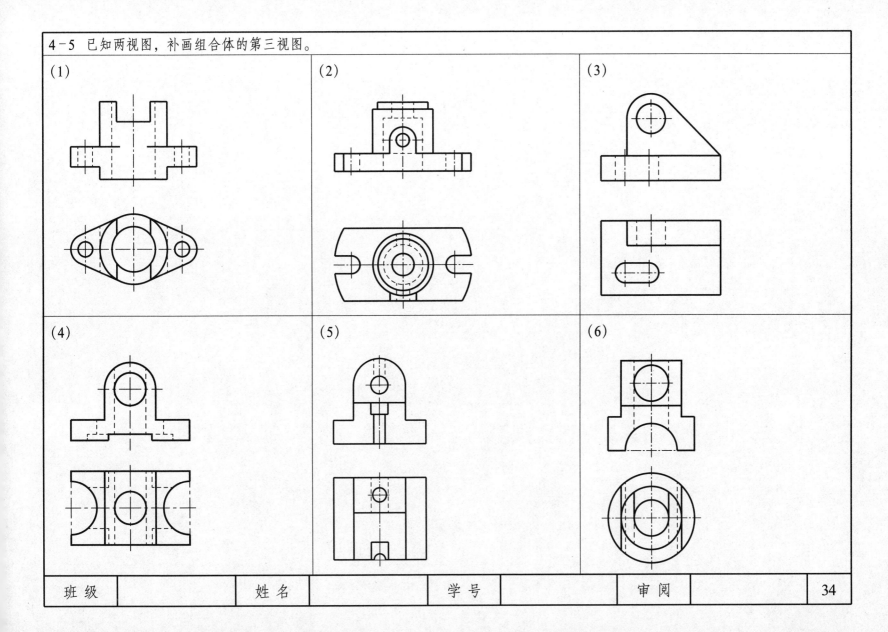

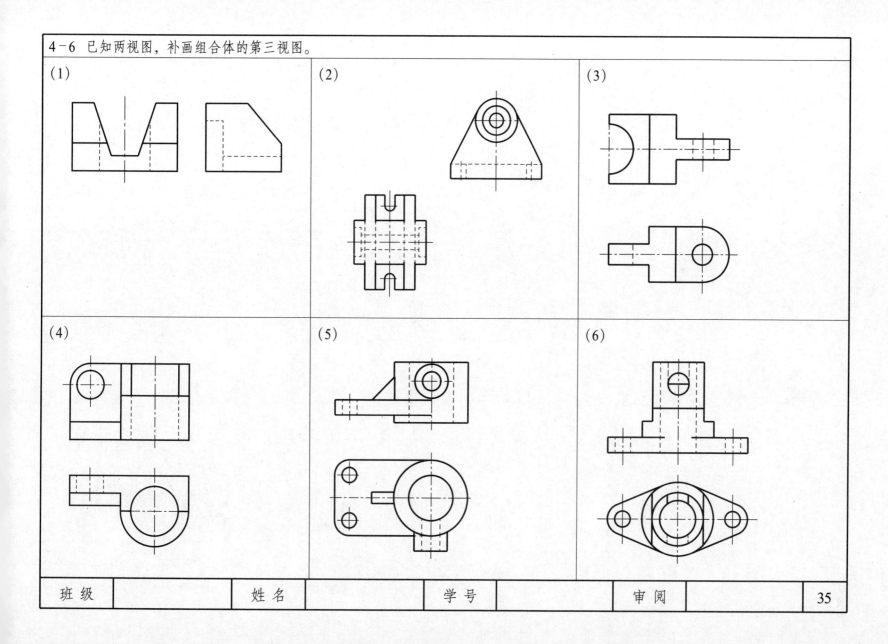

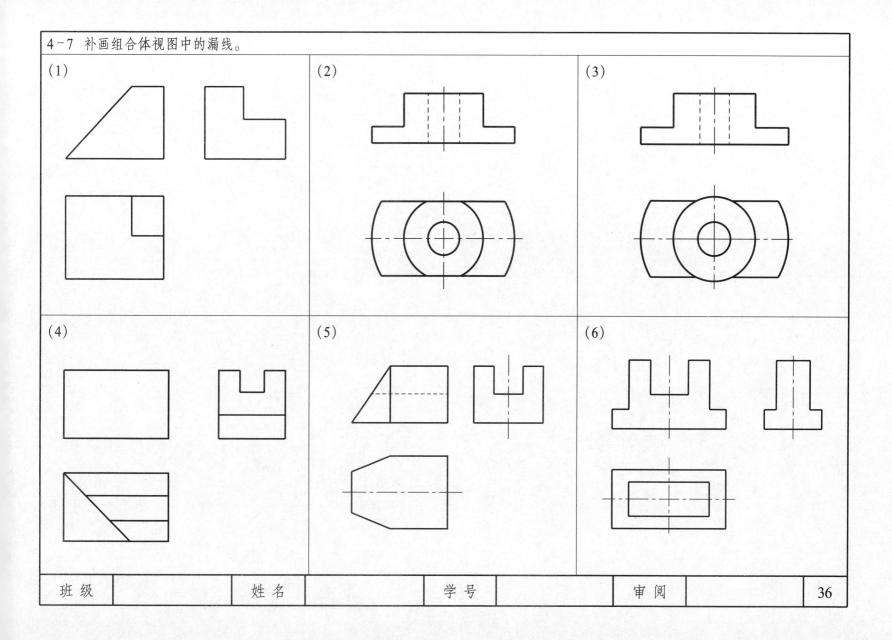

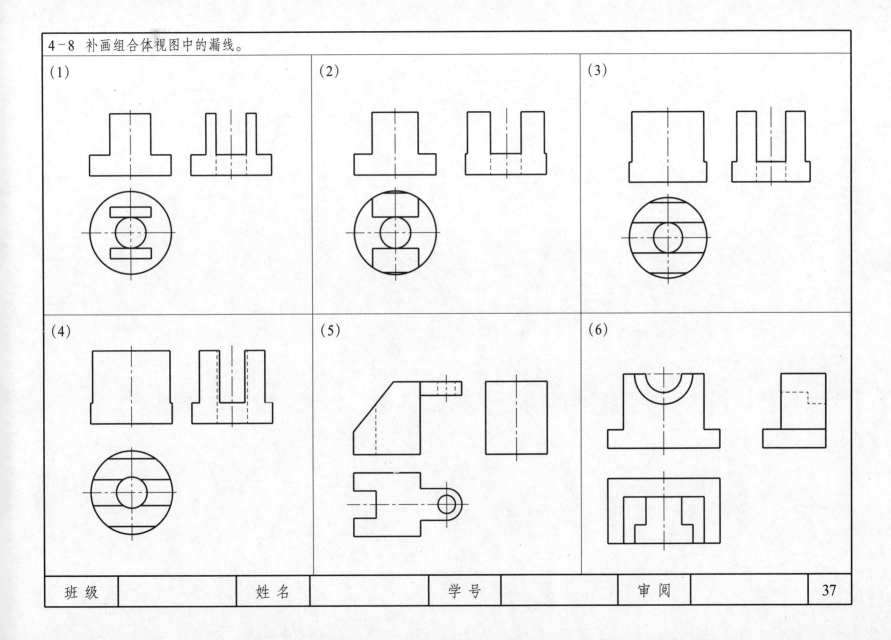

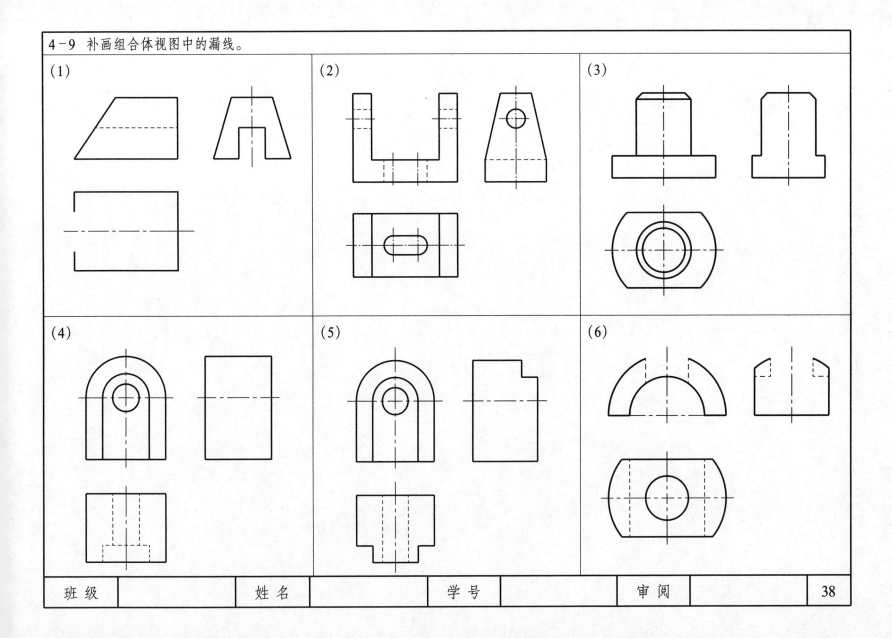

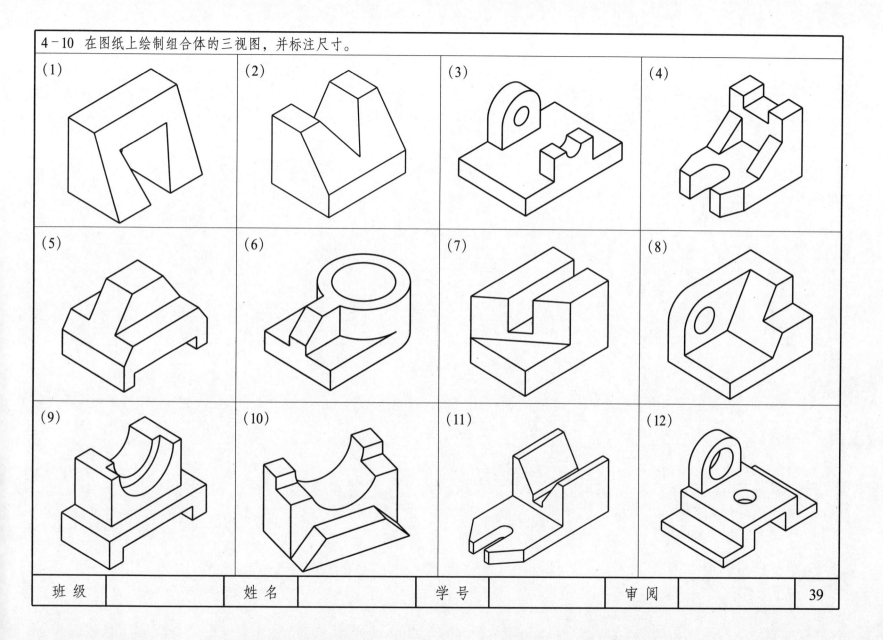

4-11 在图纸上绘制组合体的三视图，并标注尺寸。

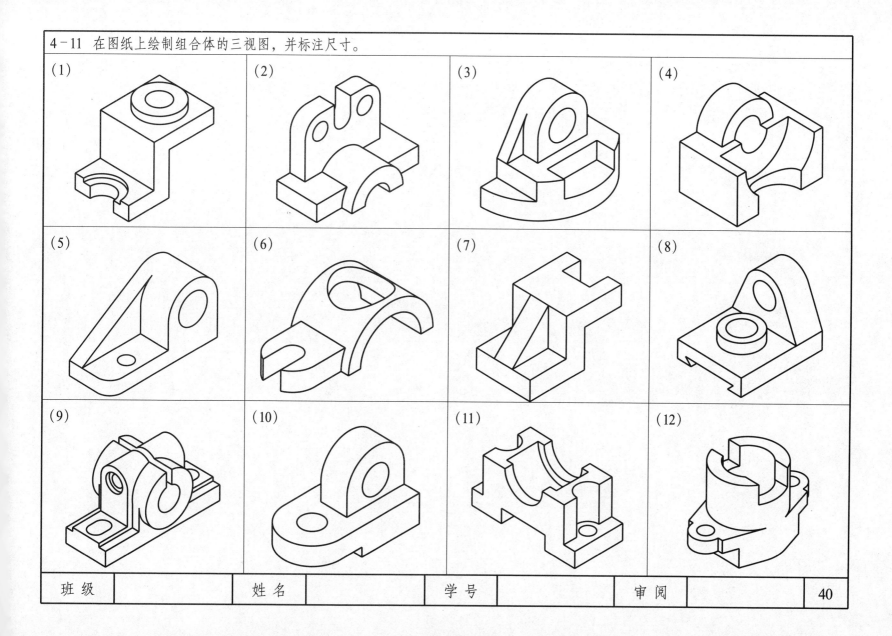

4-12 补全视图中漏标的尺寸（尺寸数值从图中按1:1的比例量取，并取整数）。

(1)

(2)

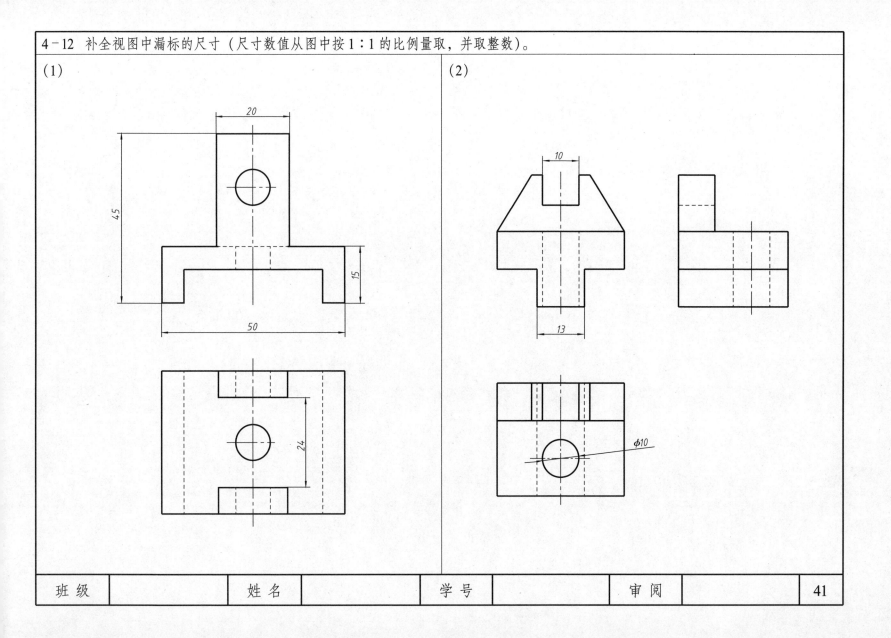

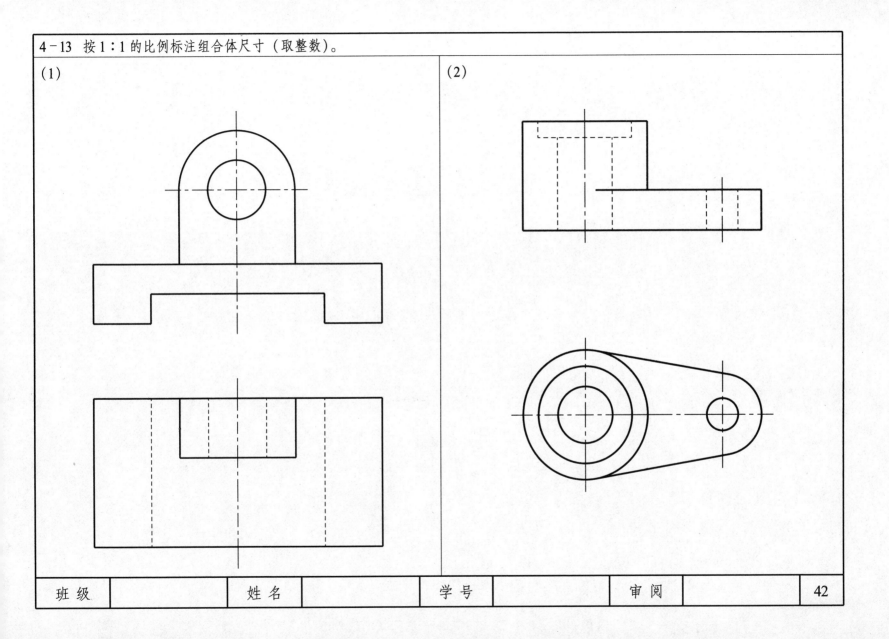

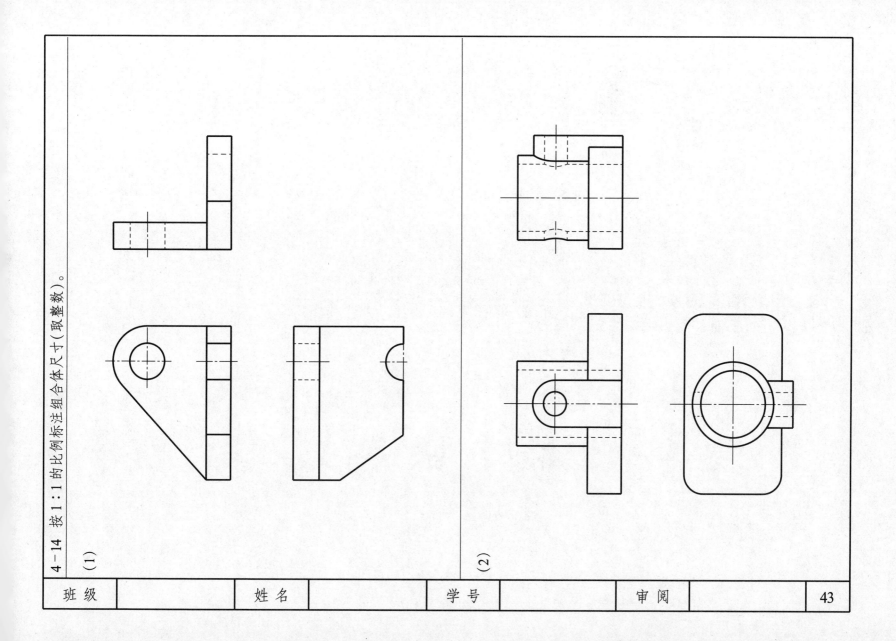

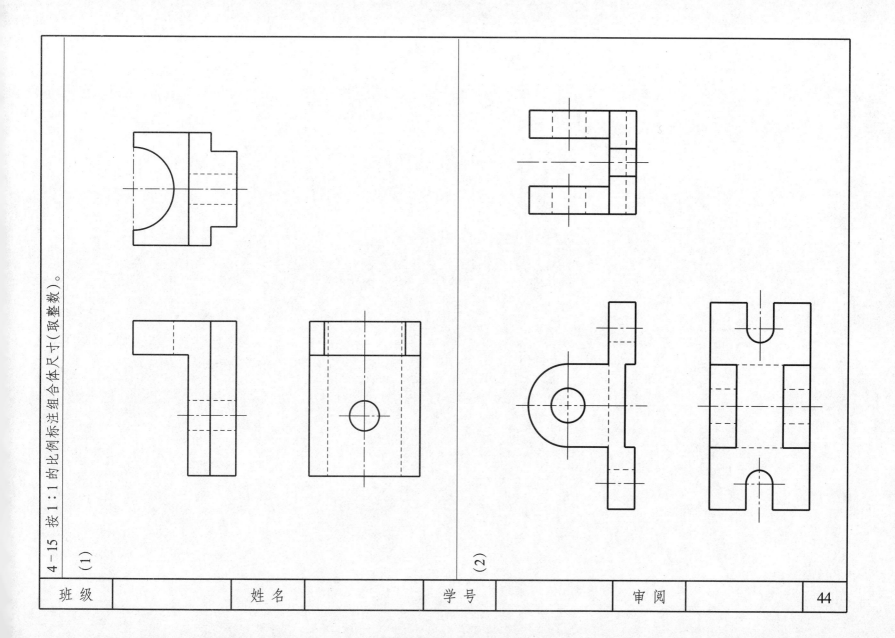

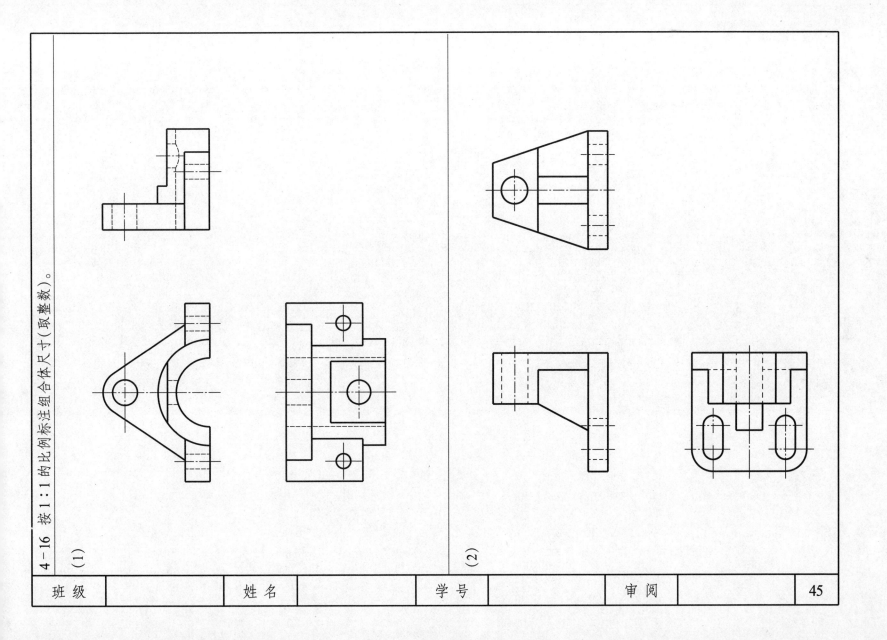

第 5 章 图 样 画 法

5-1 根据提供的主、俯视图，补画该零件的另外四个基本视图。

| 班级 | | 姓名 | | 学号 | | 审阅 | | 46 |

第5章 図形画法

3-1 補助投影法：斜面図，予備参考投影，廻転投影（または利用）

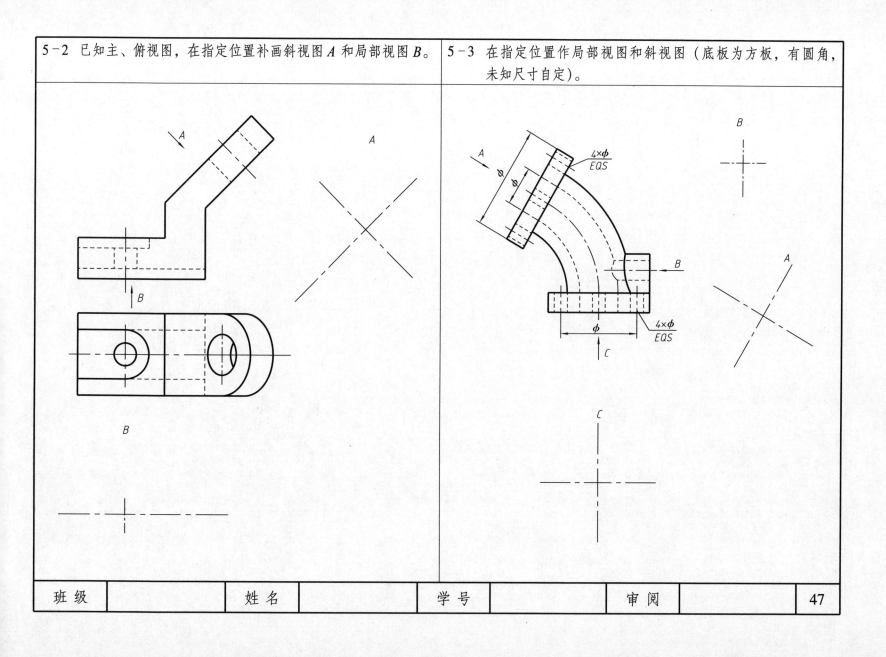

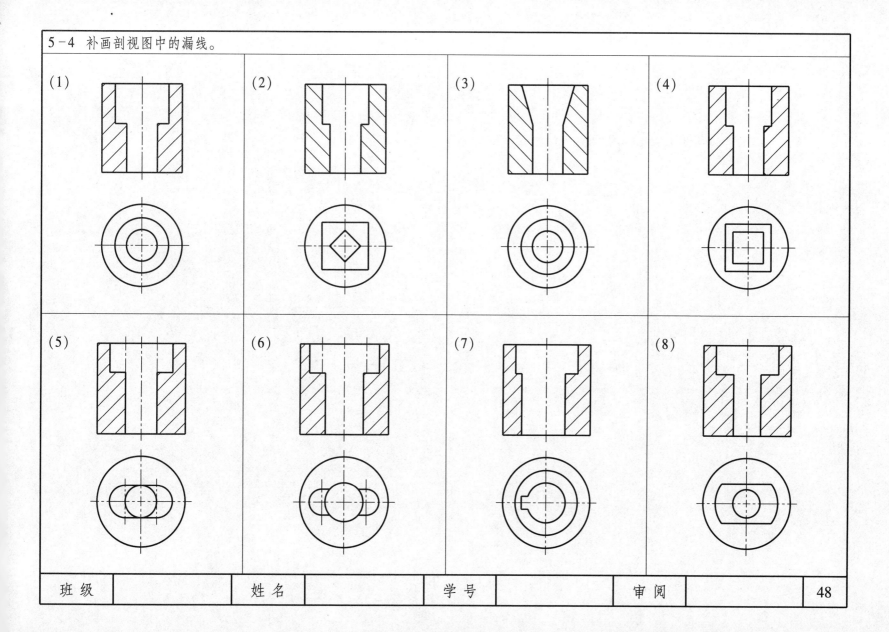

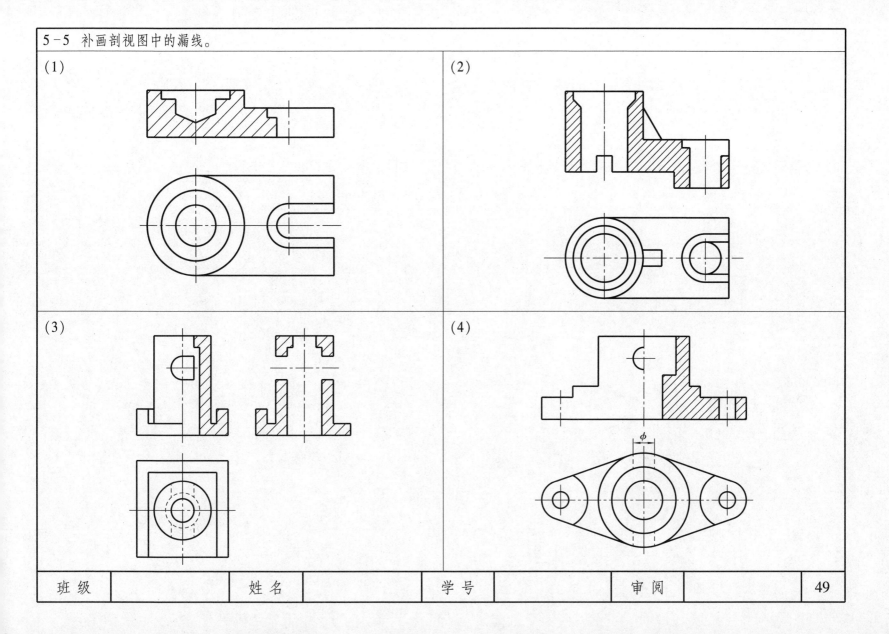

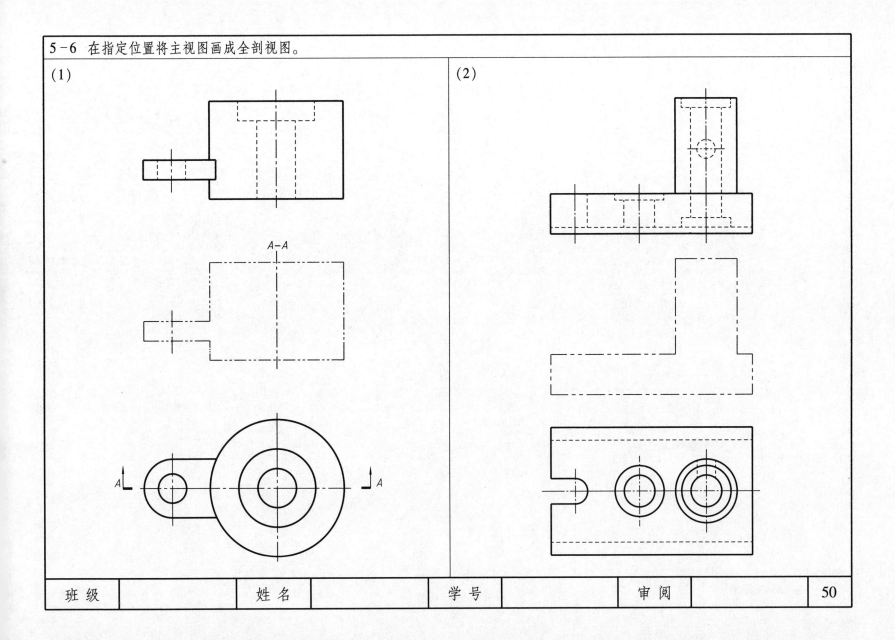

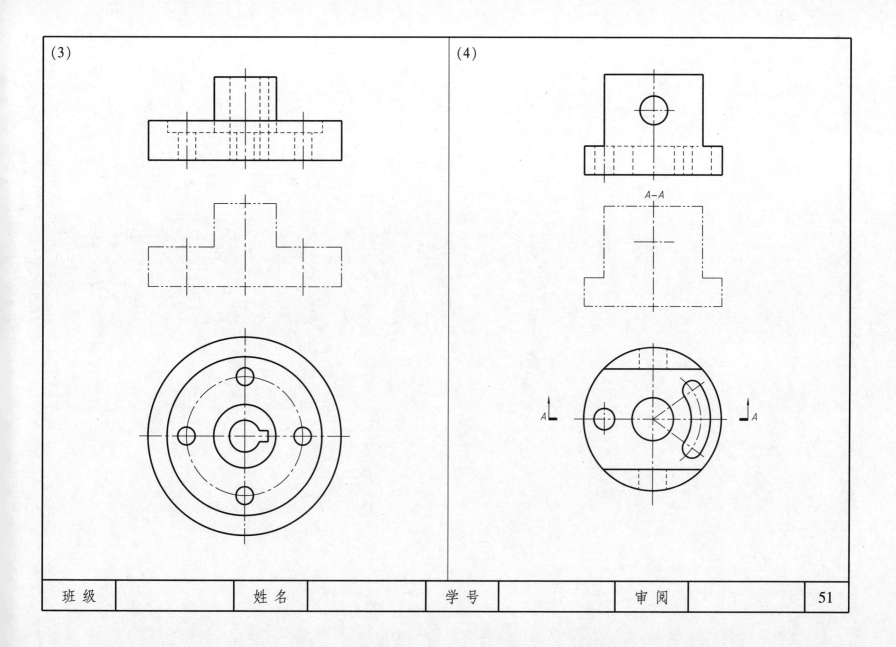

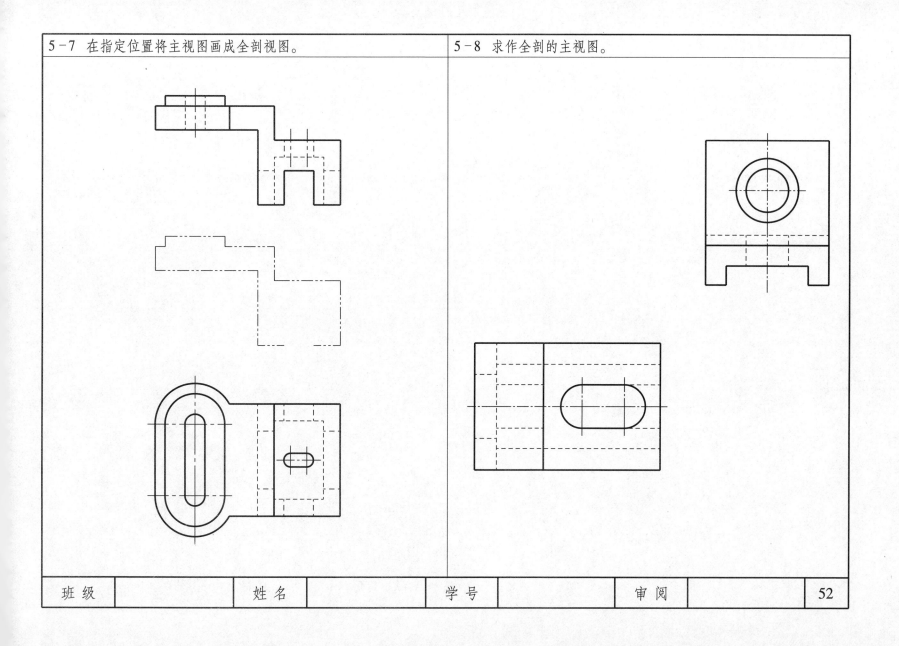

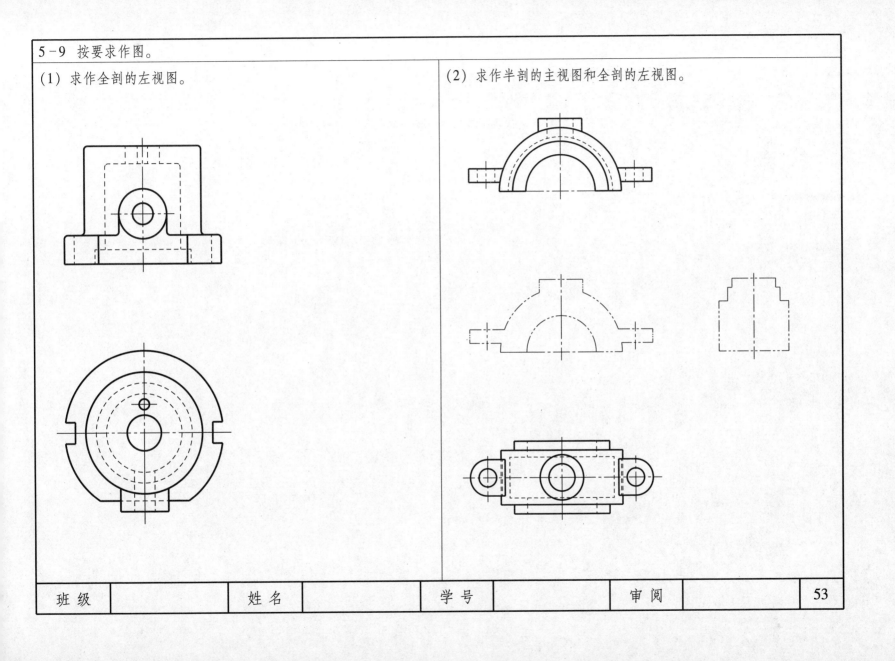

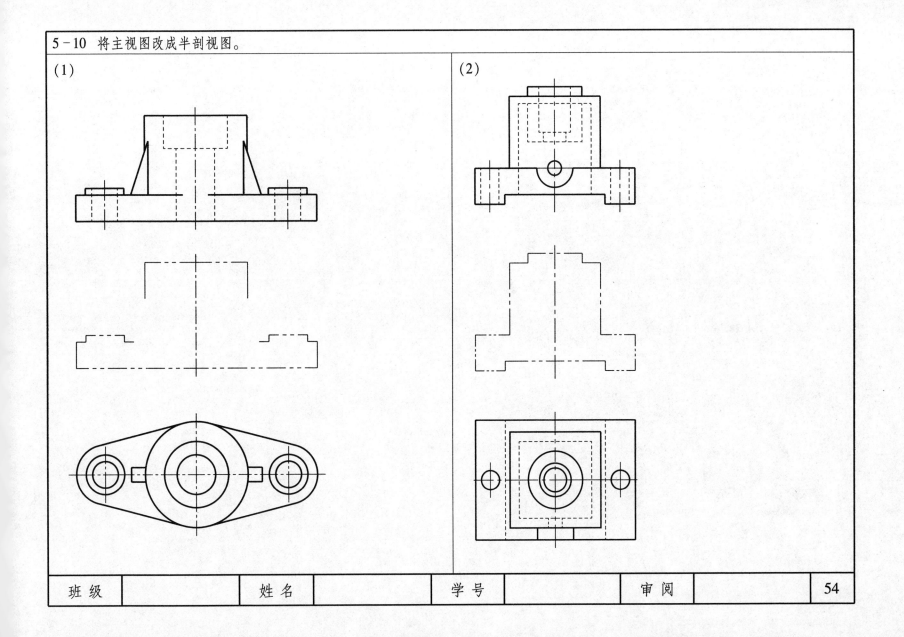

5-11 将主视图改为半剖视图,并补画全剖的左视图。

(1) (2)

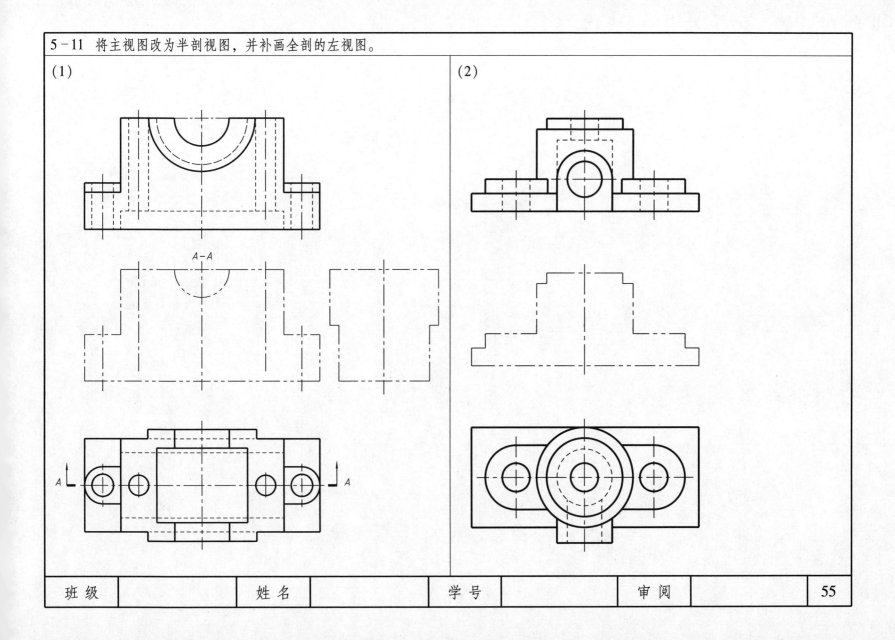

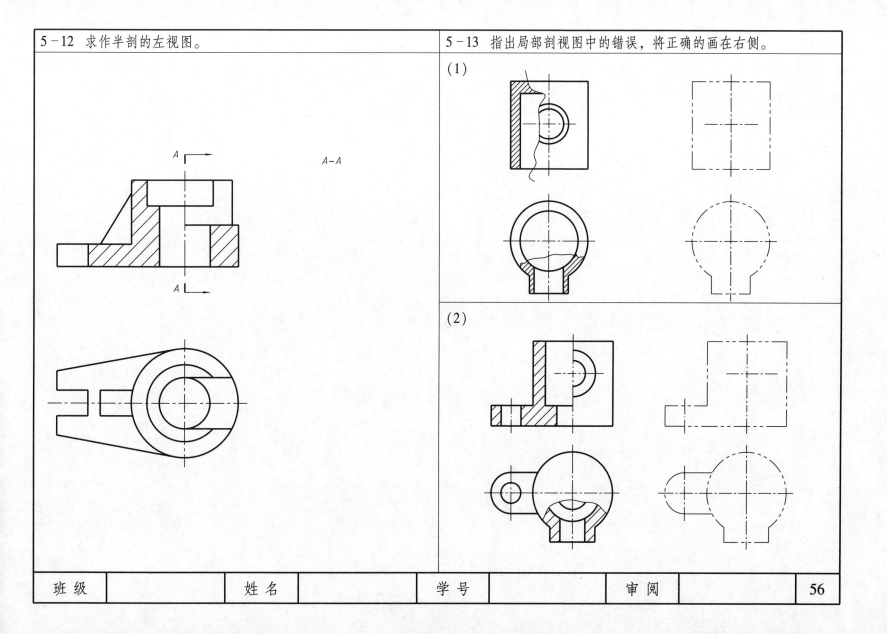

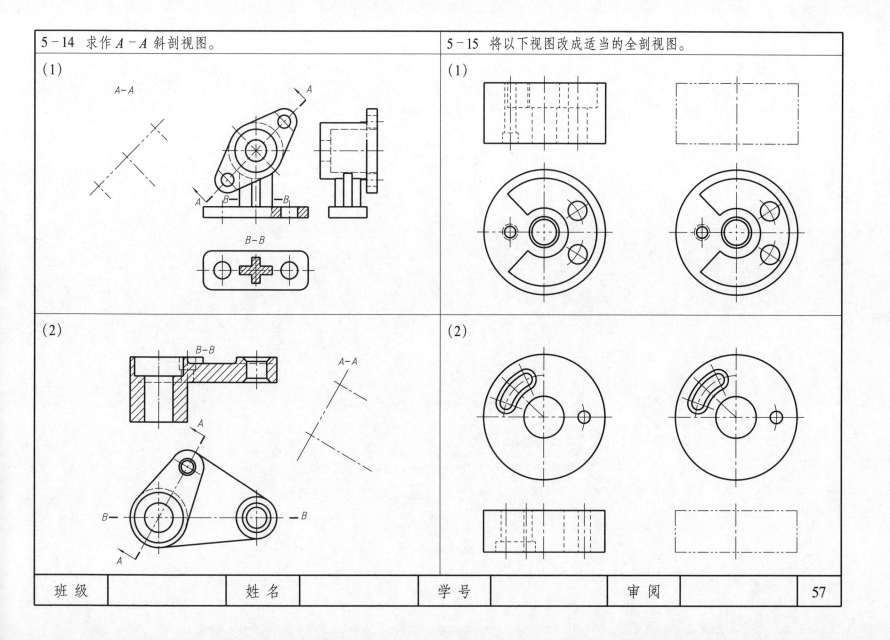

5-16 将主视图改成适当的全剖视图。

(1)

(2)

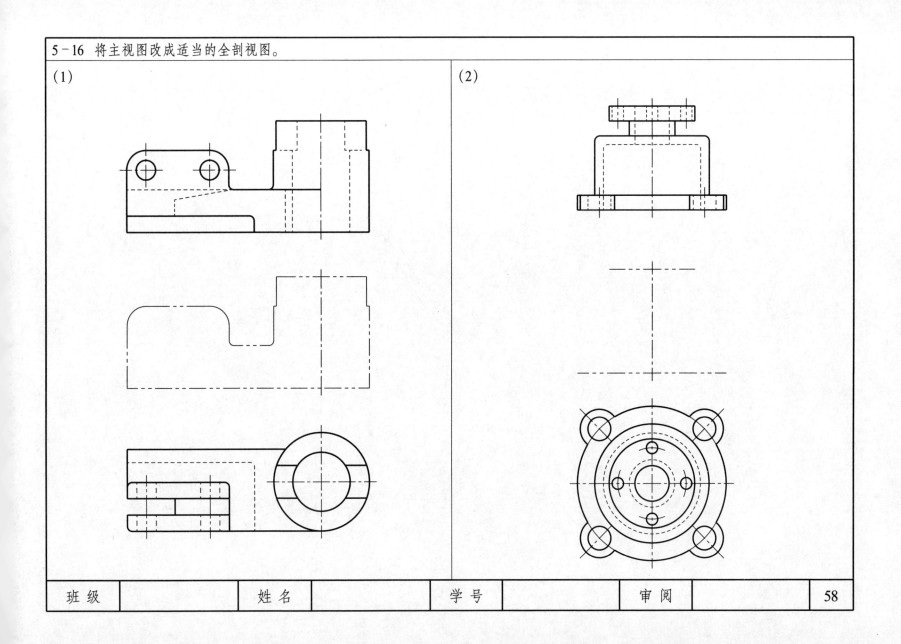

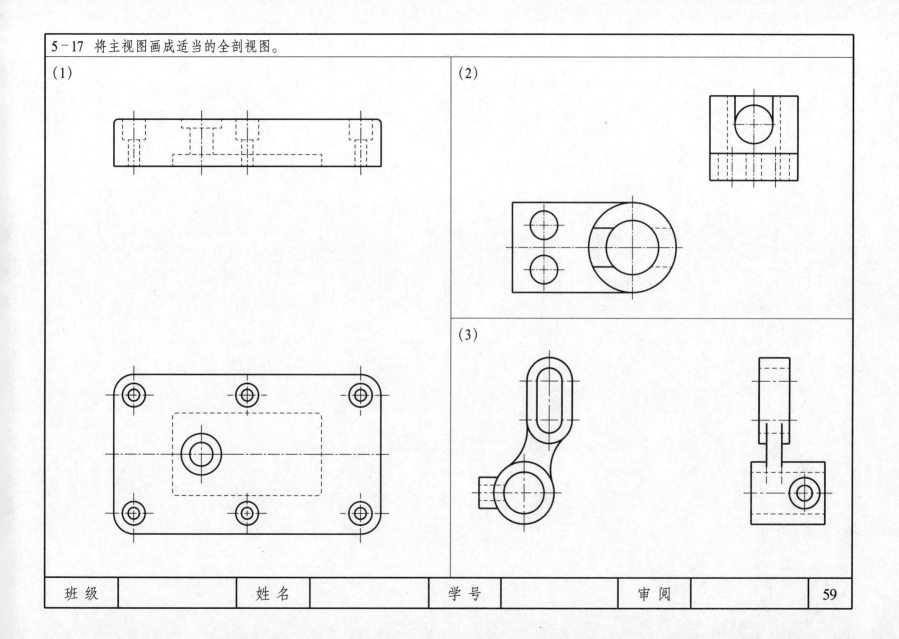

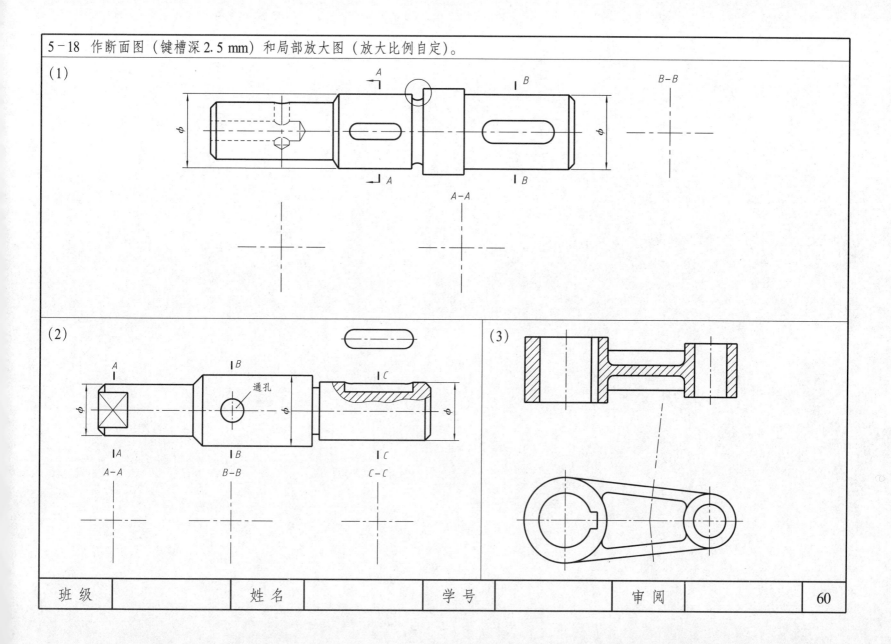

5-19 选用适当的表达方法绘制视图，并标注尺寸。

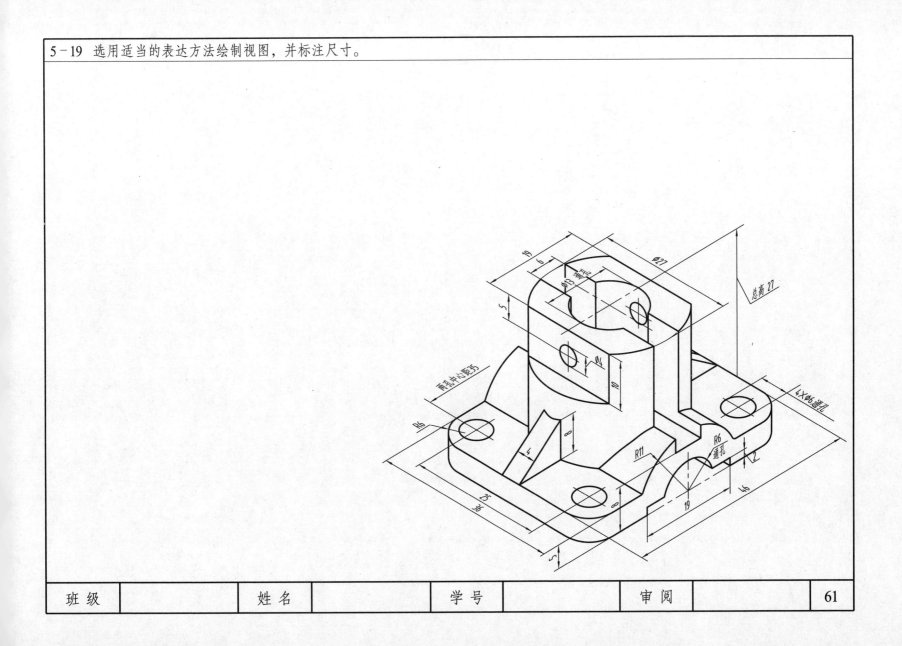

5-20 采用第三角画法,绘制下面立体的基本视图(尺寸从图中量取并取整)。

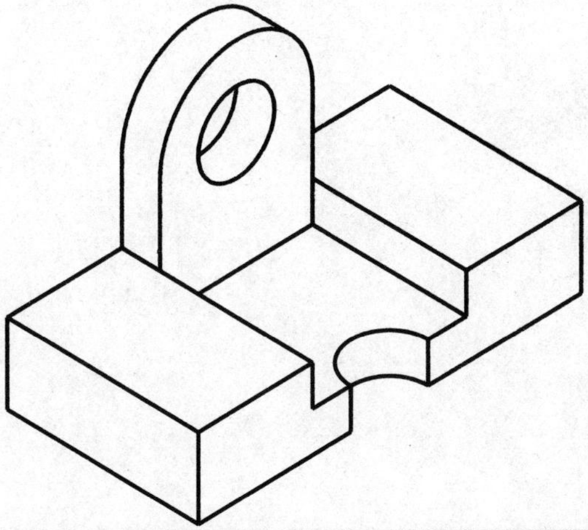

5-21 采用第三角画法,绘制下面立体的基本视图(尺寸从图中量取并取整)。

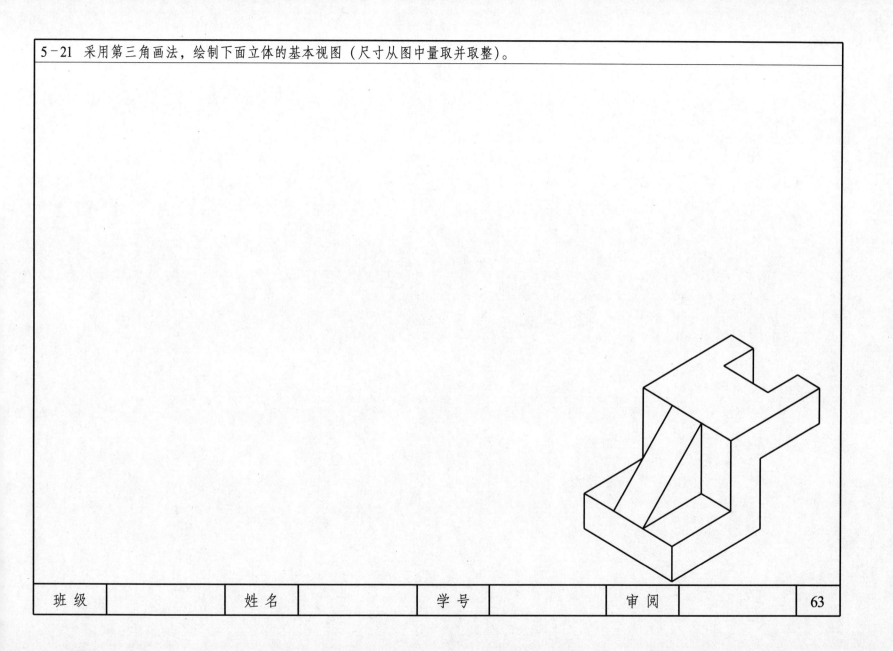

5-22 分别画出第一角画法和第三角画法的标记符号。

(a) 第一角画法标记　　　　　　　　　　　　　(b) 第三角画法标记

5-23 将下面的第一角画法转化为第三角画法。

| 班级 | | 姓名 | | 学号 | | 审阅 | | 64 |

第6章 标准件与常用件

6-1 找出螺纹画法中的错误,并在下图中画出正确的螺纹。

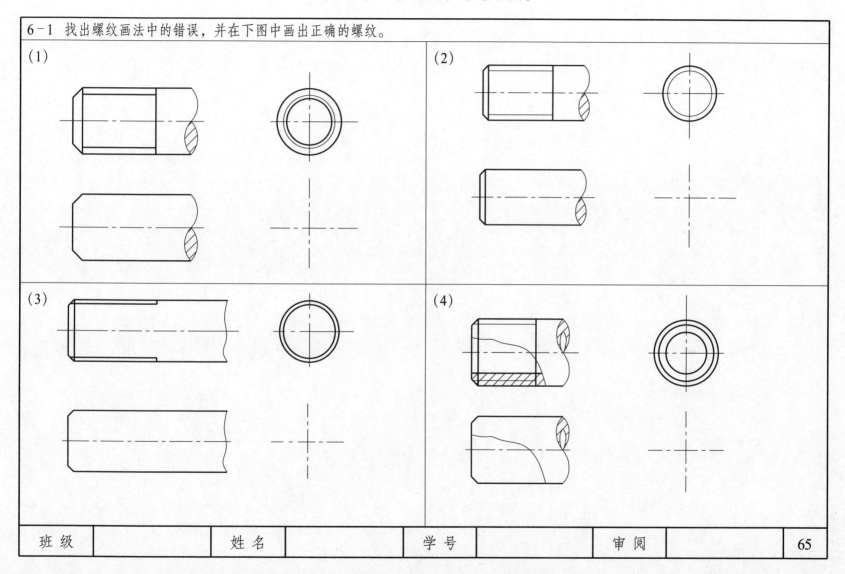

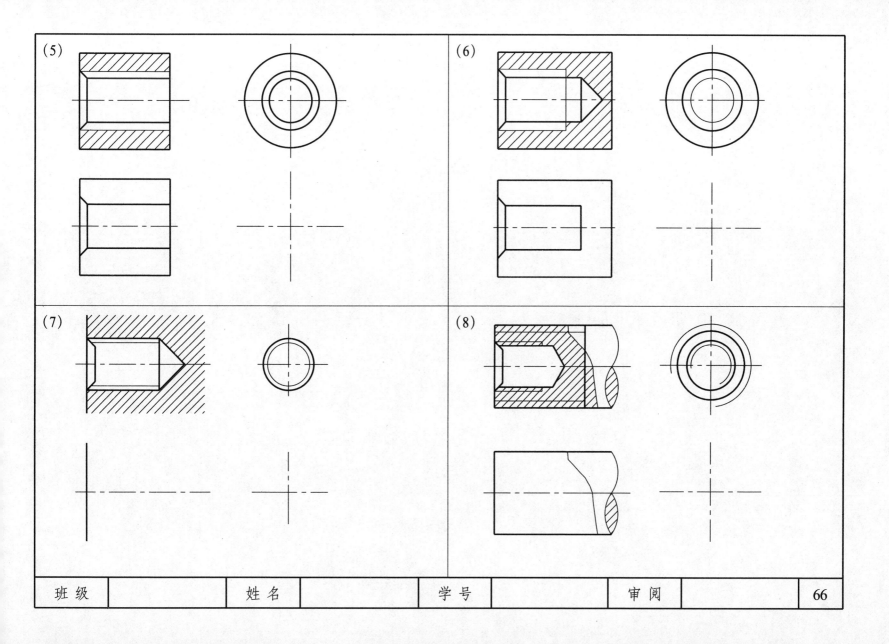

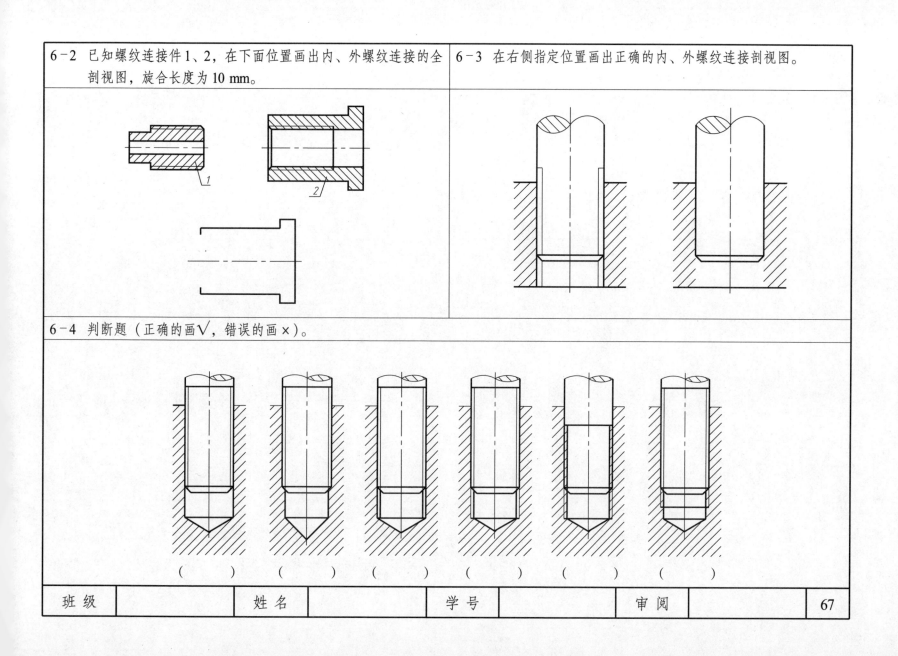

6-5 补全正确的内、外螺纹连接的全剖视图,并画出 $A-A$ 断面图。

6-6 绘制螺纹连接的断面图。

6-7 解释下列螺纹标记中各代号的意义并填空。

螺纹标记	螺纹种类	螺纹大径	导程	螺距	线数	中径公差带代号	旋向	旋合长度
M16-6H7H-S-LH								
M20×1.5-6g7g-L								
Tr36×Ph12P6-8e-LH								
G1/4A-LH								

(1) 内、外螺纹旋合时,需要_____、_____、_____、_____、_____五要素相同。
(2) 不论内螺纹还是外螺纹,螺纹的代号及尺寸均应注在螺纹的_____径上;但管螺纹应采用_____标注。
(3) 标准螺纹的_____、_____、_____都要符合国家标准。常用的标准螺纹有_____。

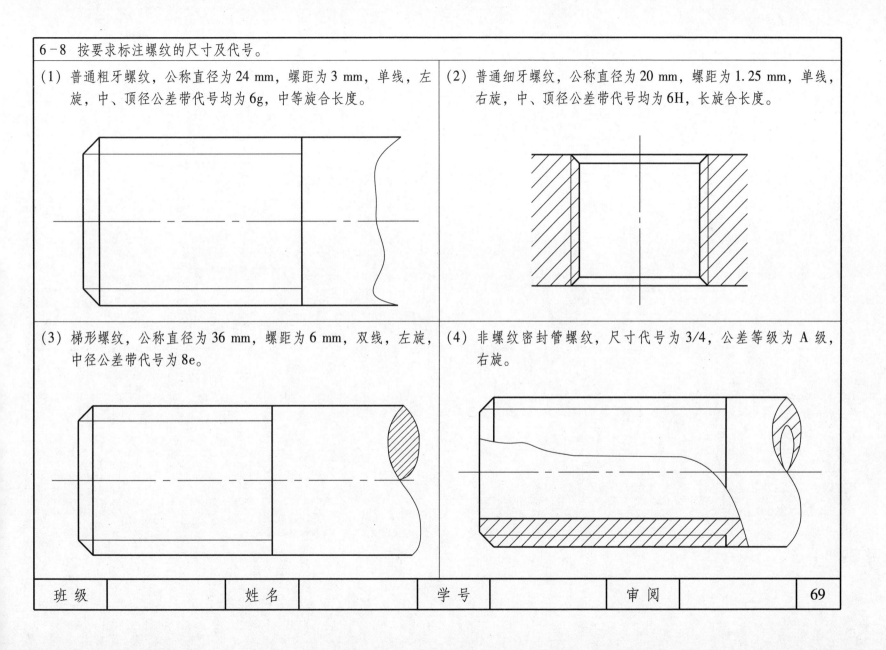

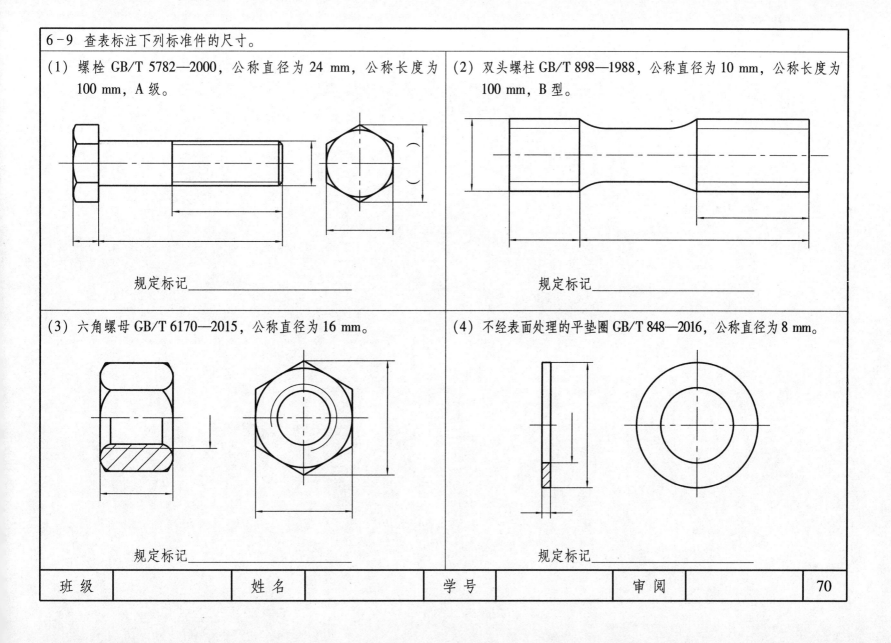

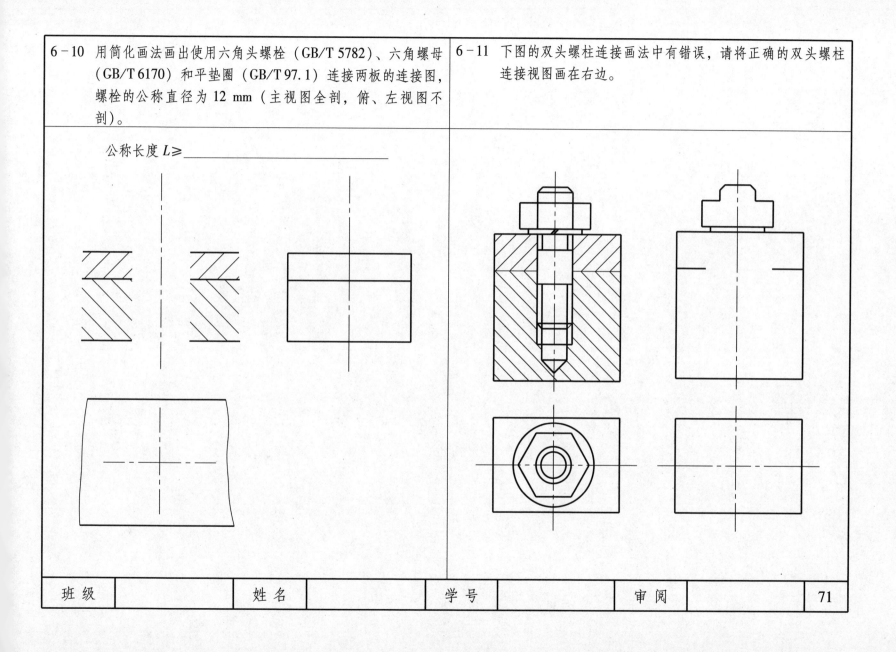

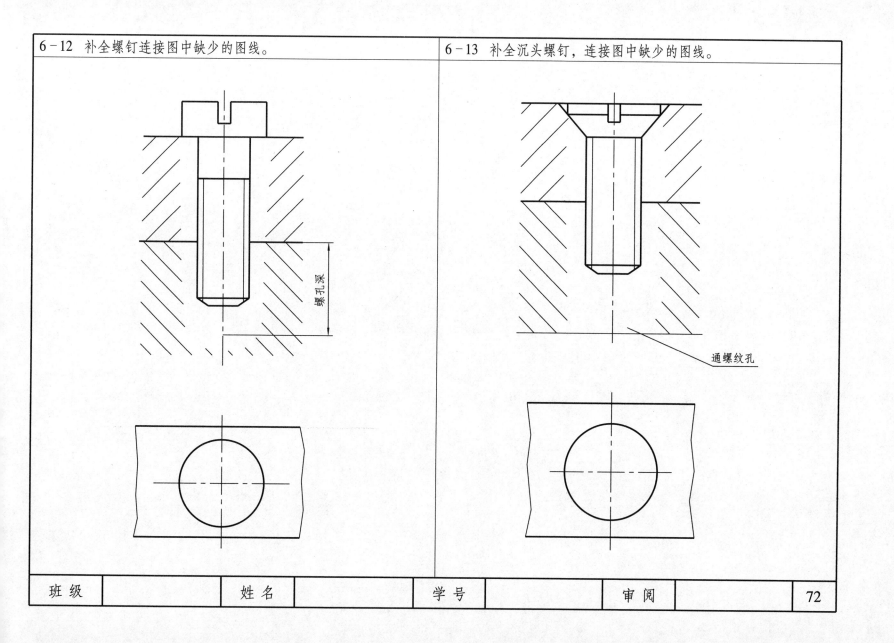

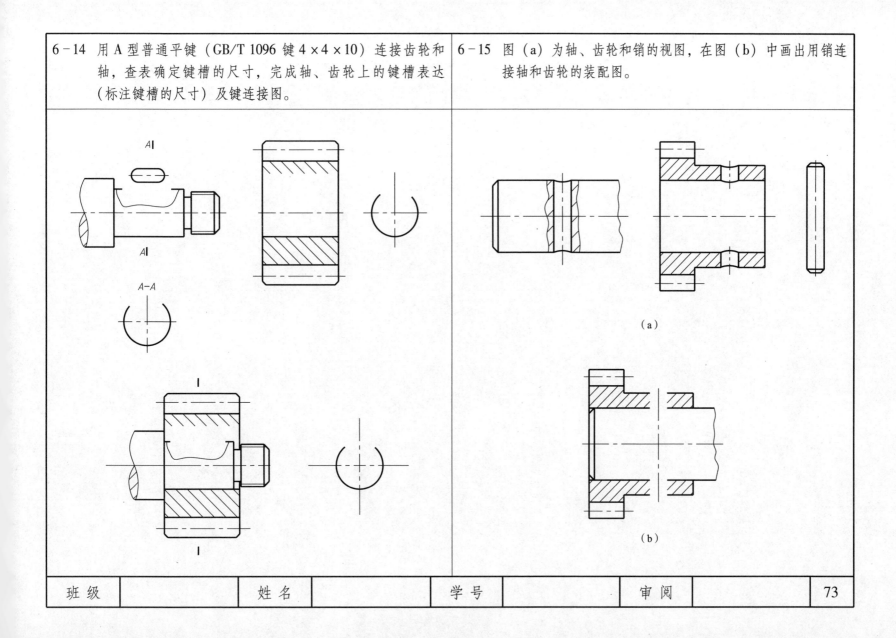

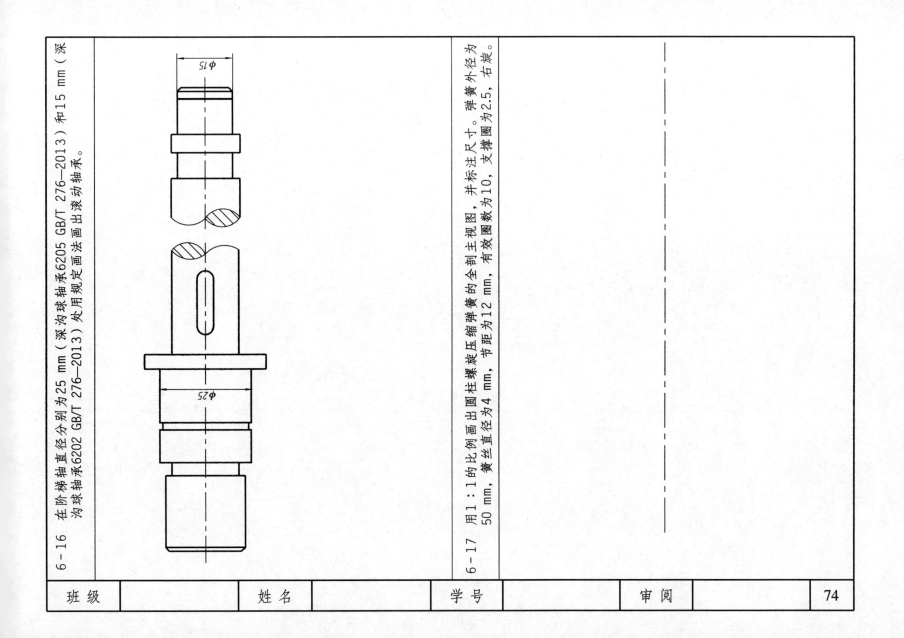

6-16 在阶梯轴直径分别为25 mm（深沟球轴承6202 GB/T 276—2013）和15 mm（深沟球轴承6205 GB/T 276—2013）处用规定画法画出滚动轴承。

6-17 用1∶1的比例画出圆柱螺旋压缩弹簧的全剖主视图，并标注尺寸。弹簧外径为50 mm，簧丝直径为4 mm，节距为12 mm，有效圈数为10，支撑圈为2.5，右旋。

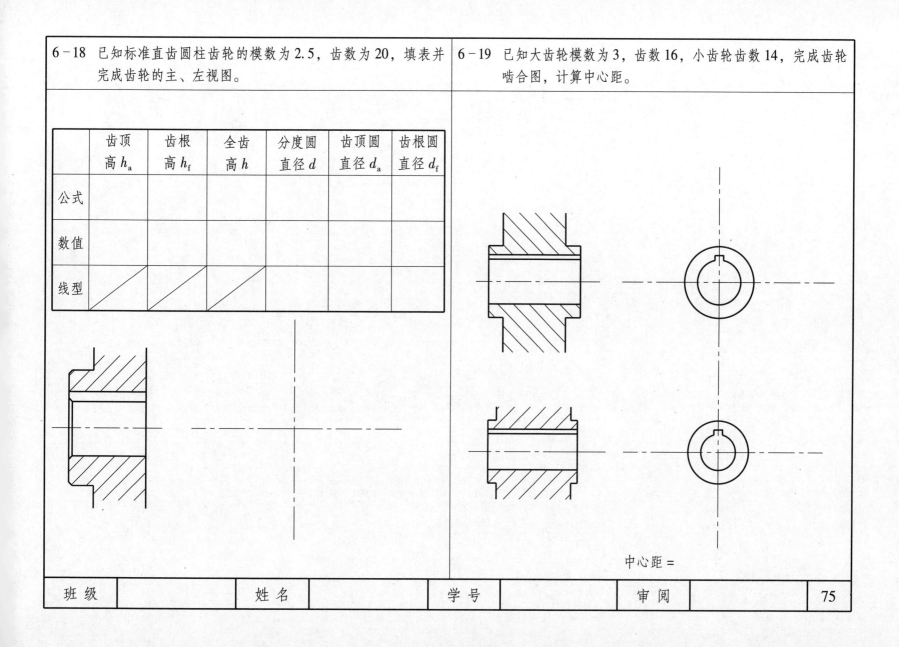

6-20 将下图轴系装配按 2∶1 的比例画在 A3 图纸上，标准件尺寸查表确定（未注尺寸自定）。

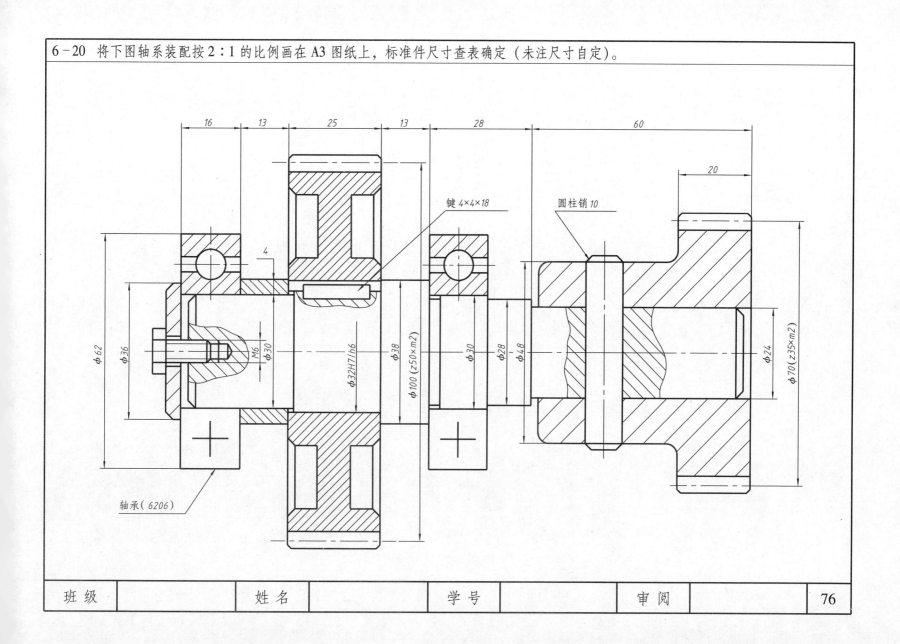

第7章 零件图

7-1 选择题。

(1) 尺寸链标注正确的是（　　）。

(2) 键槽断面图中尺寸标注正确的是（　　）。

(3) 键槽结构尺寸标注正确的是（　　）。

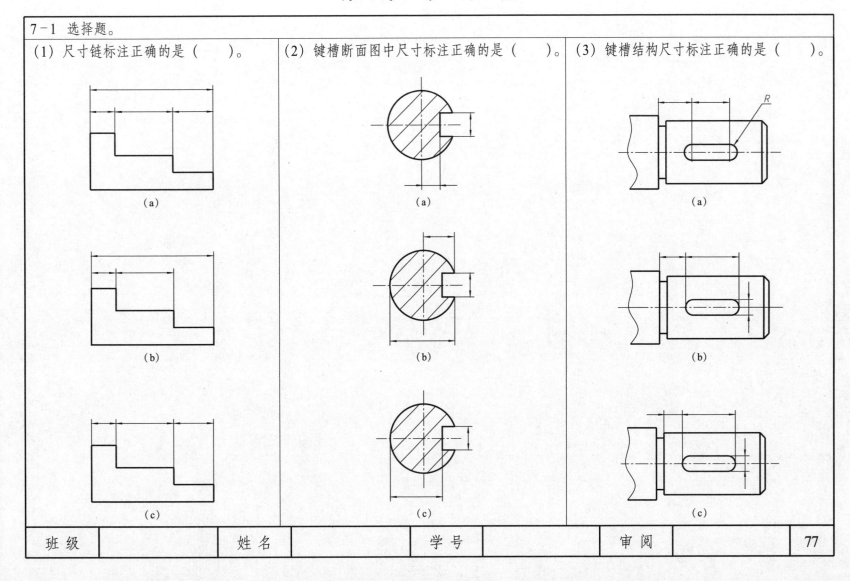

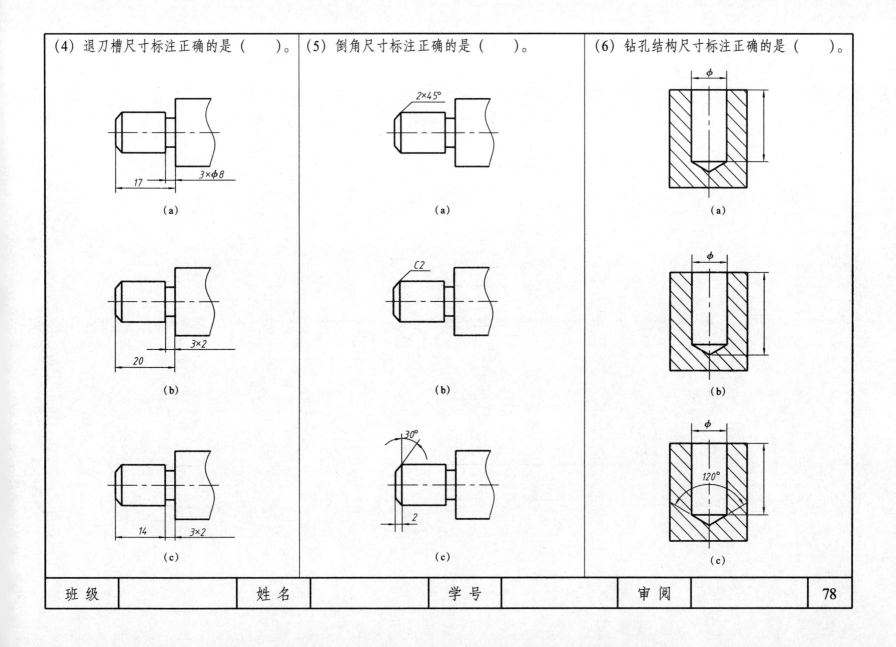

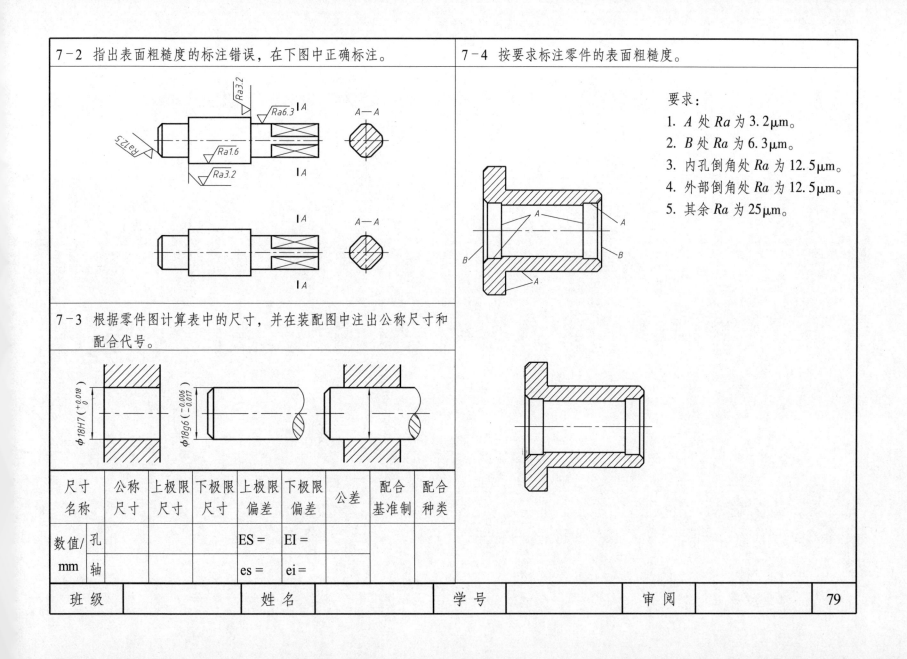

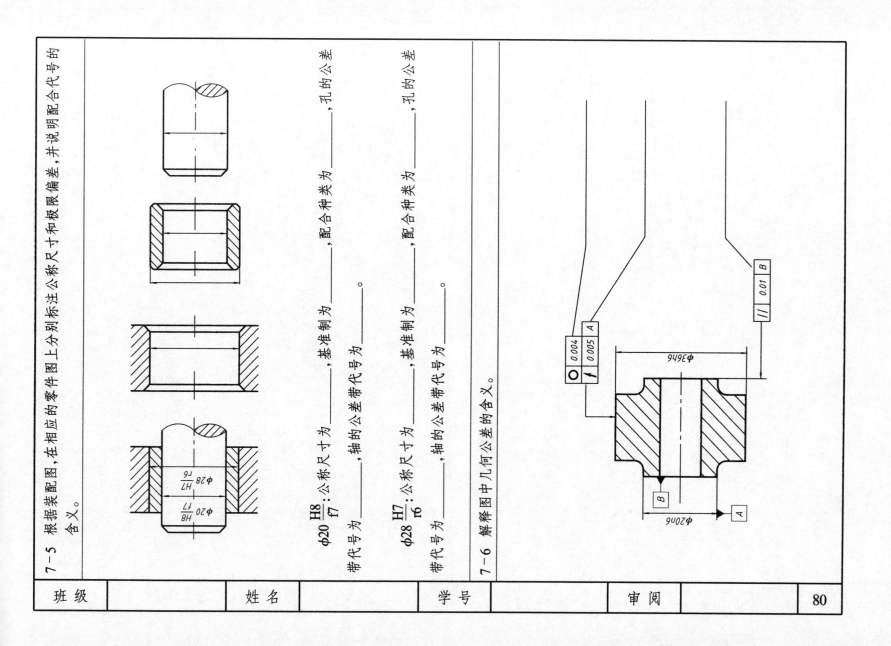

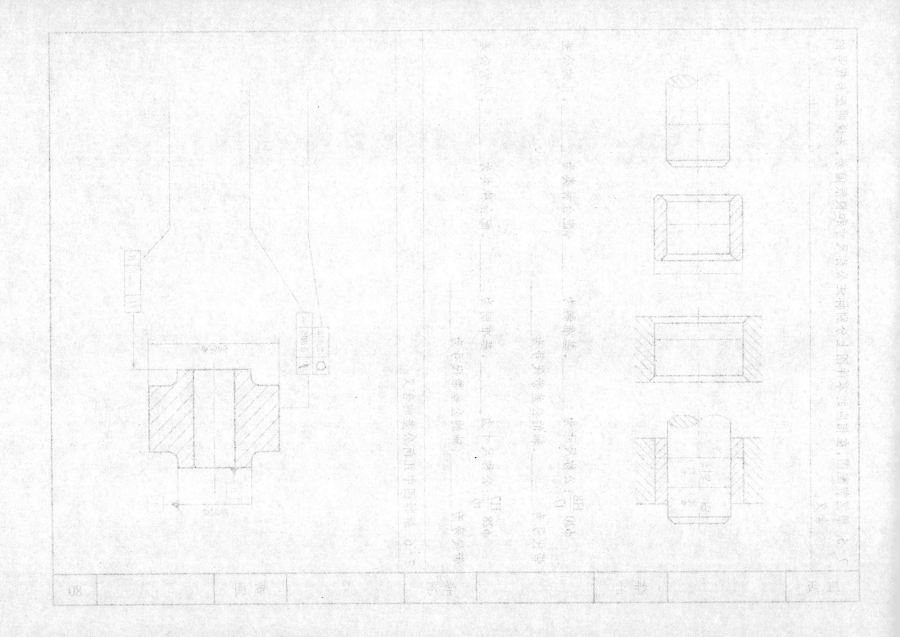

读零件图并回答下列问题：

1.该零件的名称为______，比例为_____，材质为____，属于______类零件。

2.该零件的表达方案中采用的表达方法有___________。

3.M20×1－6g的含义为____。

4.零件加工表面要求最高的表面粗糙度值是__________。

5.长度为16 的键槽定位尺寸为__________，其工作表面粗糙度 Ra 为__________。

6. φ18 轴段的上极限尺寸值为___________，公差值为___________。

7.尺寸标注为2×1的结构是__________结构，2×1表示________。

技术要求

1.调质处理为(241~269)HBW。

2.未注倒角为C1。

√x = √Ra 1.6

√y = √Ra 3.2

√Ra 12.5 (√)

45

（单位名称）

主轴

（图样代号）

（投影代号）

标记 处数 分区 更改文件号 签名 年、月、日

设计 （签名）（年月日） 标准化 （签名）（年月日）

阶段标记 质量 比例

1:1

描图

审核

工艺 批准

共 9 张 第 1 张

A-A

读零件图并回答下列问题：
1. 该零件的外形轮廓线由_____段圆弧连接而成，已知其圆弧的半径是_____，R8定位尺寸是_____，其连接圆弧的半径是_____。
2. 零件表面粗糙度要求最高的 Ra 值是_____，外形轮廓表面的表面粗糙度代号是_____。
3. $6×\phi 6$ 孔的定位尺寸为_____；EQS 的含义是_____。
4. $\phi 41_{-0.025}^{0}$ 孔的公称尺寸是_____；上极限尺寸是_____；公差值是_____。
5. 在指定位置，画出 A-A 半剖视图。

技术要求
1. 非加工面刷灰色防锈漆。

$\sqrt{Ra\ 25}$ ($\sqrt{}$)

						HT200	（单位名称）
标记	处数	分区	更改文件号	签名	年、月、日		
设计	(签名)	(年月日)	标准化	(签名)	(年月日)	阶段标记 质量 比例	压盖
描图							
审核						1:1	（图样代号）
工艺			批准			共 9 张 第 1 张	（投影代号）

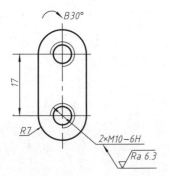

读零件图并回答下列问题：
1.该零件属于_____类零件；
2.该零件的总长为_____，总宽为_____，总高为_____。
3.该零件采用的表达方法有_____。
4.零件的材料为HT200，其中HT表示_____。
5.从图中找出4个定位尺寸：_____、_____、_____、_____。
6.肋板共有_____处，厚度分别为_____、_____。
7. φ16H7中，H7表示_____；H代表_____，7代表_____。
8. 2×M10-6H 的含义是_____。
9.在指定的位置画出C-C全剖的主视图。

技术要求
1.未注内圆角皆R3~R5。
2.清沙、打毛刺、时效、探伤。
3.未加工表面涂红色防锈漆。

									HT200	（单位名称）
标记	处数	分区	更改文件号	签名	年、月、日					踏架
设计	（签名）	（年月日）	标准化	（签名）	（年月日）	阶段标记	质量	比例		
描图								1:1		（图样代号）
审核										
工艺			批准			共9张 第1张				（投影代号）

7-7 阅读主轴零件图，回答问题。

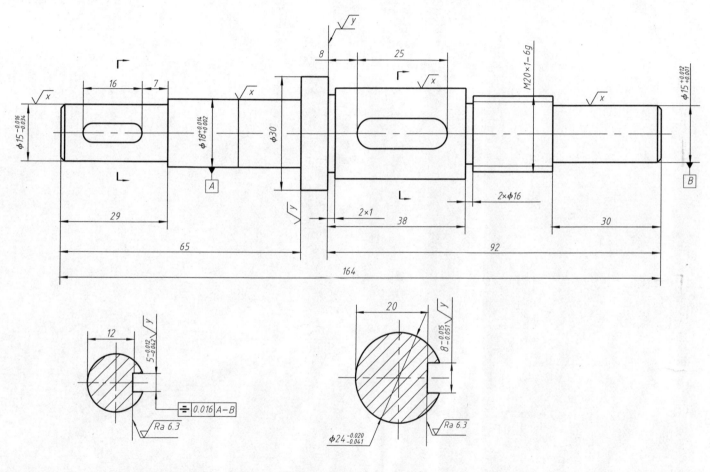

7-8 阅读压盖零件图，回答问题。

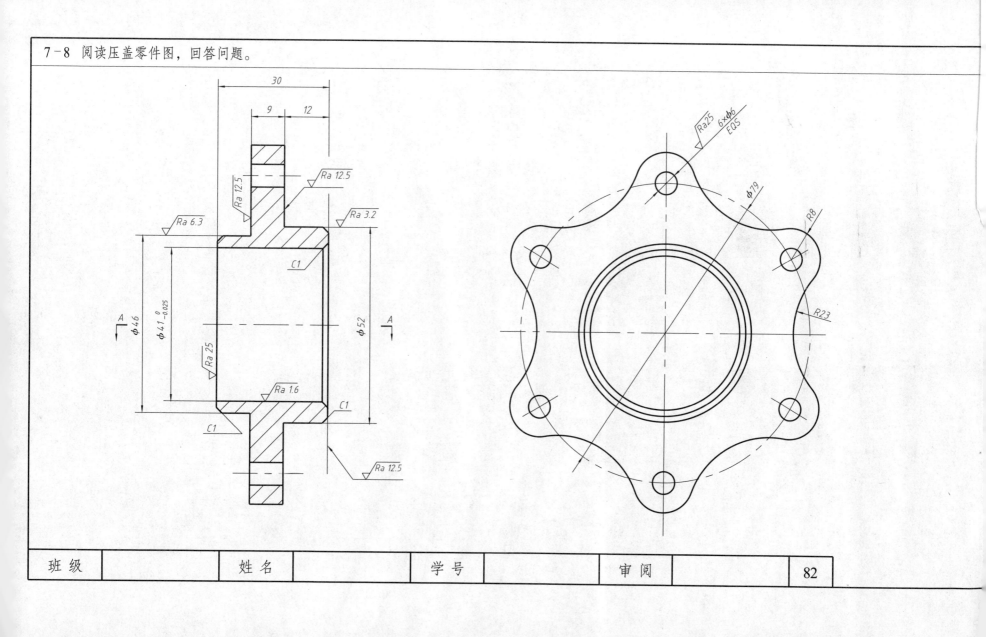

7-9 阅读踏架零件图,回答问题。

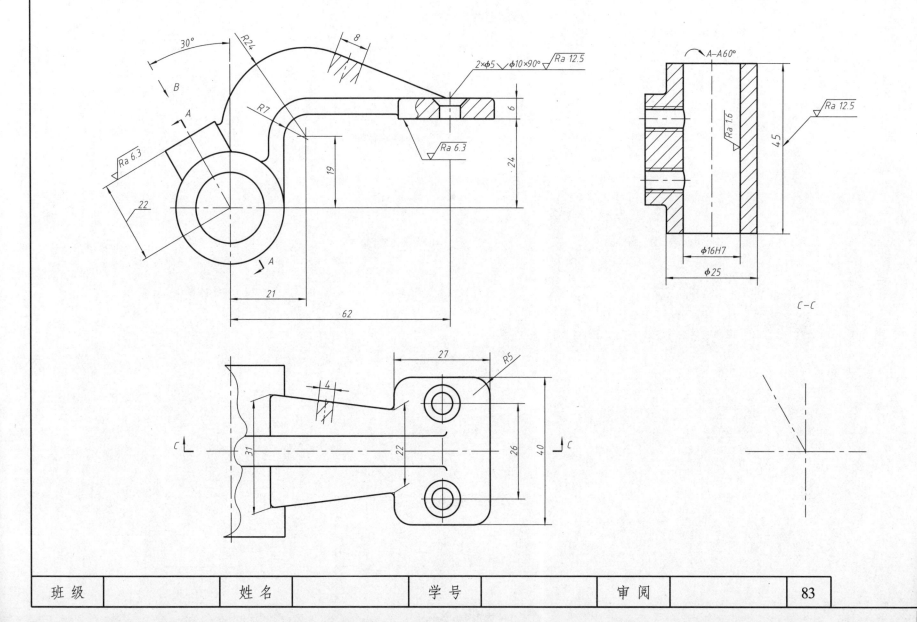

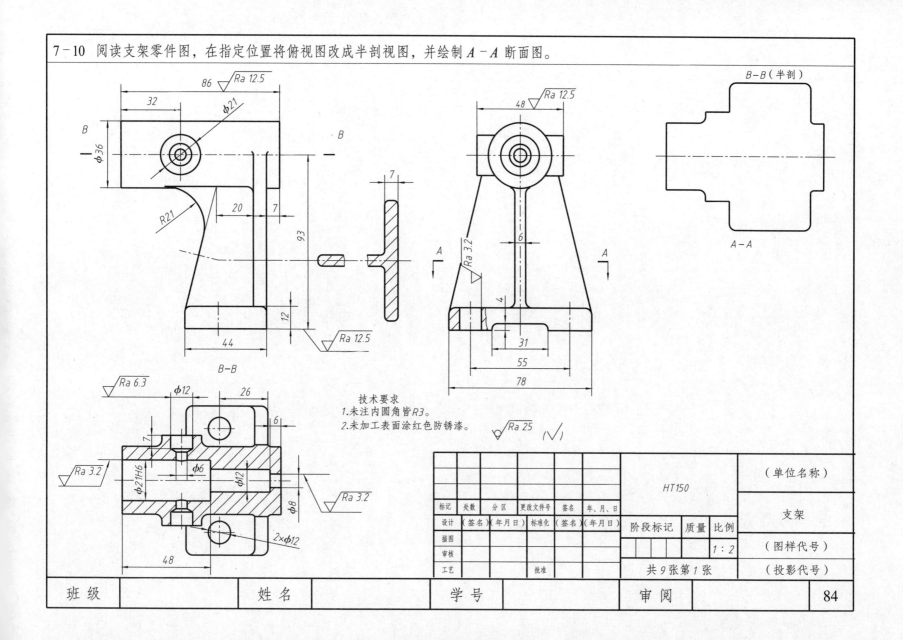

第8章 装 配 图

8-1 根据千斤顶的零件图绘制装配图。

1. 了解该装配体的工作原理。
2. 看懂各零件图，并将非标准件填入右侧表格。
3. 绘制装配图。

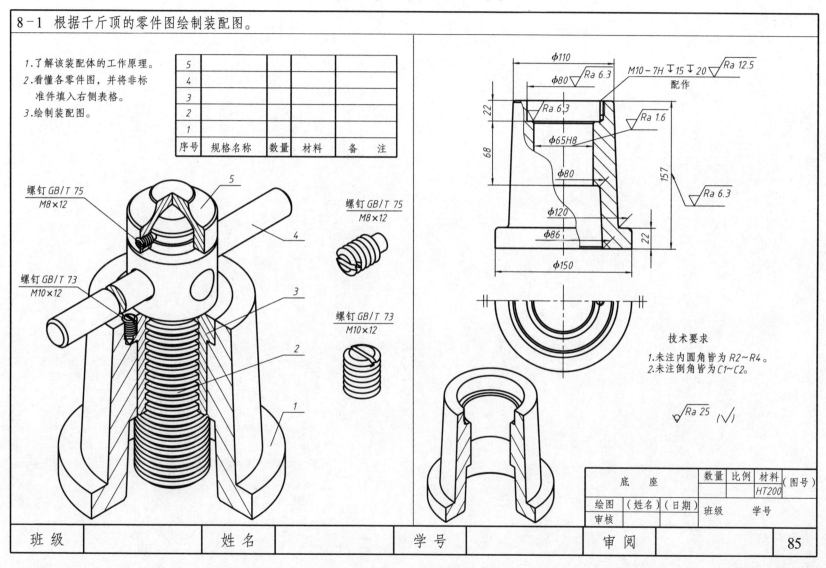

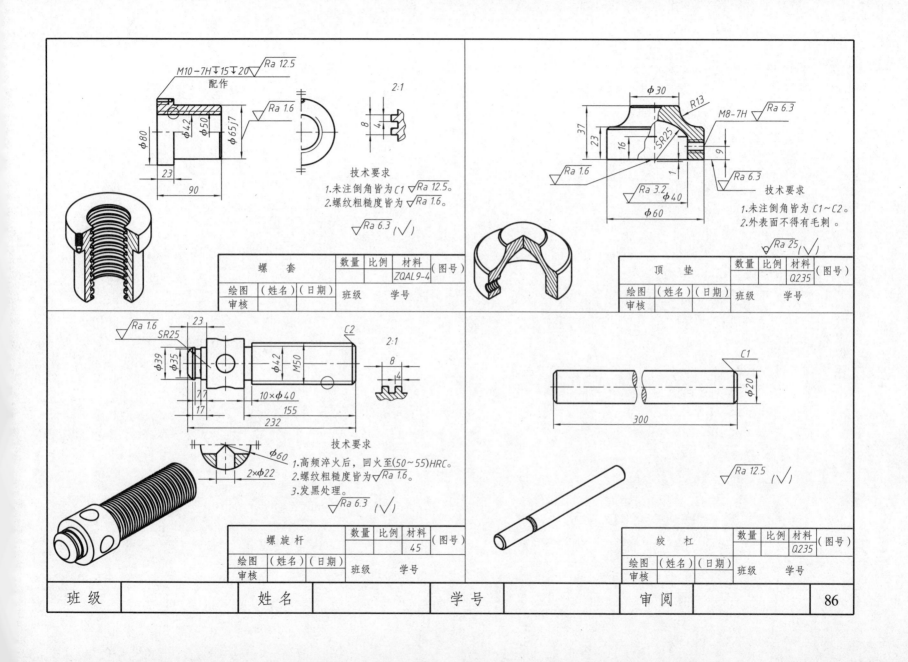

8-2 根据安全阀装配图示意图和零件图绘制装配图。

一、工作原理
　　安全阀是一种安装在输油（液体）管路中的安全装置。工作时，阀门靠弹簧的预紧力处于关闭状态，油（液体）从阀体左端孔流入，经下端孔流出。当油压超过额定压力时，阀门被顶开，过量油（液体）就从阀体和阀门开启后的缝隙间经阀体右端孔管道流回油箱，从而使管路中的油压保持在额定的范围内，起到安全保护的作用。调整螺杆可调整弹簧预紧力。为防止螺杆松动，其上端用螺母锁紧。

二、作业目的和要求
1.了解装配图的内容和作用，读懂安全阀的全部零件图。
2.了解由零件图拼画装配图的方法和步骤。
3.在A2图纸上用恰当的表达方案绘制出安全阀的装配图，比例为1:1。

安全阀零件列表

13	GB/T 899—1988	螺柱 M6×20	Q235-A	4
12	GB/T 97.1—2002	垫圈6	Q235-A	4
11	GB/T 6170—2015	螺母M6	Q235-A	4
10	XT 101-008	阀帽	Q235-A	1
9	GB/T 6170—2000	阀帽	Q235-A	1
8	XT 101-007	螺杆	Q235-A	1
7	GB/T 75—1985	紧定螺钉M5×8	Q235-A	1
6	XT 101-006	托盘	H62	1
5	XT 101-005	阀盖	HT200	1
4	XT 101-004	垫片	工业用纸	1
3	XT 101-003	弹簧	65Mn	1
2	XT 101-002	阀门	H62	1
1	XT 101-001	阀体	HT200	1
序号	代　号	名　称	材料	数量

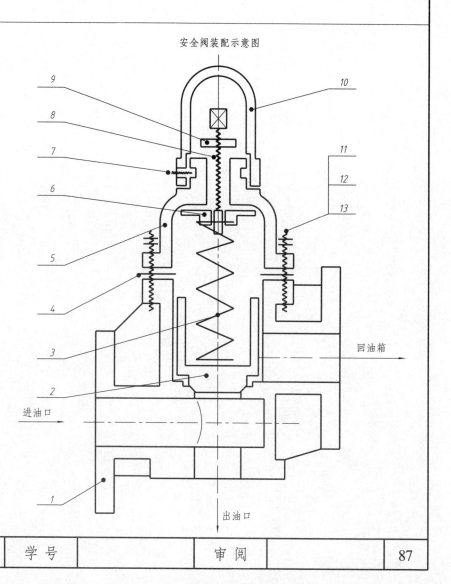

安全阀装配示意图

| 班级 | | 姓名 | | 学号 | | 审阅 | |

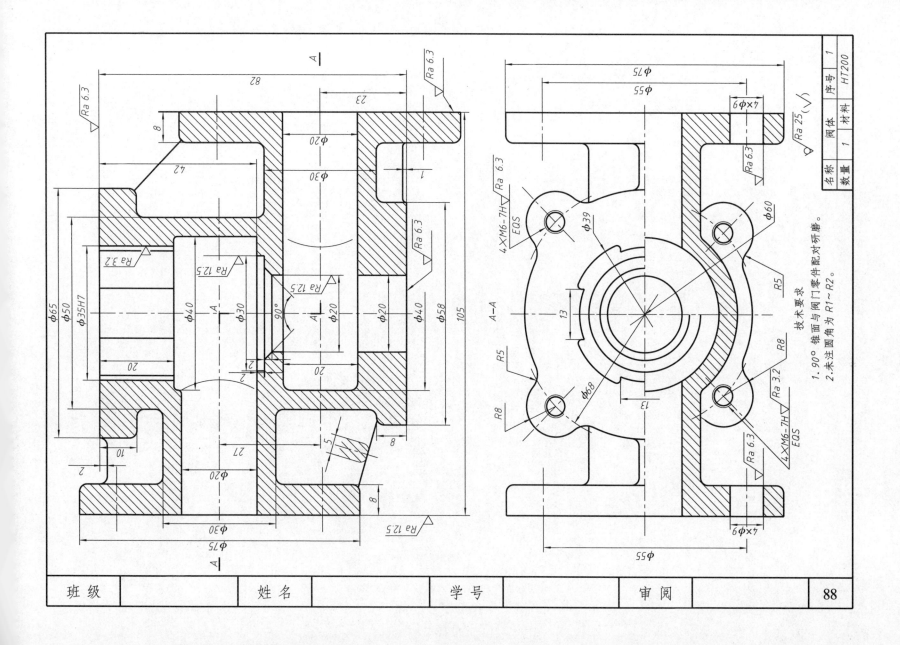

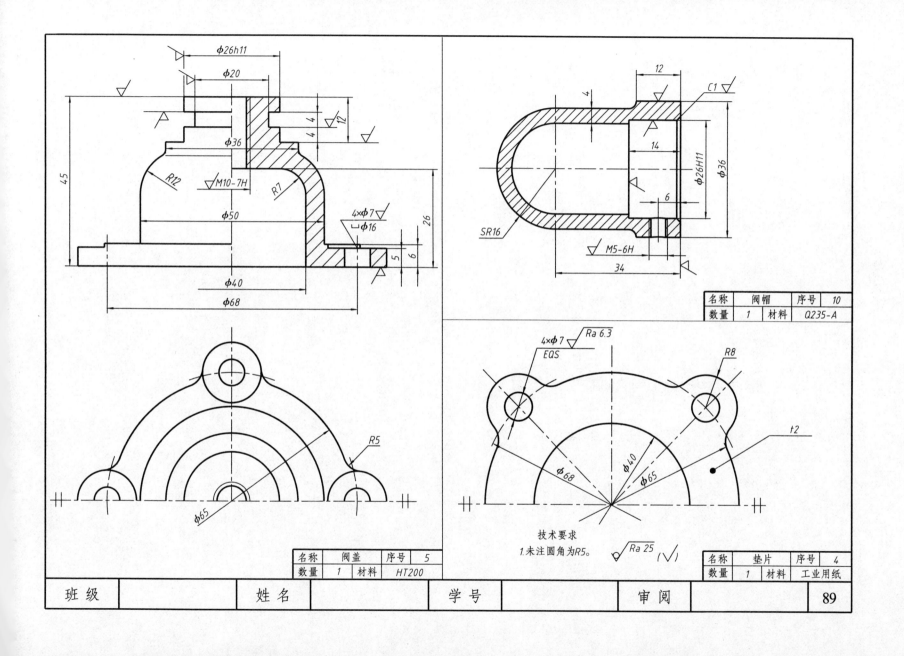

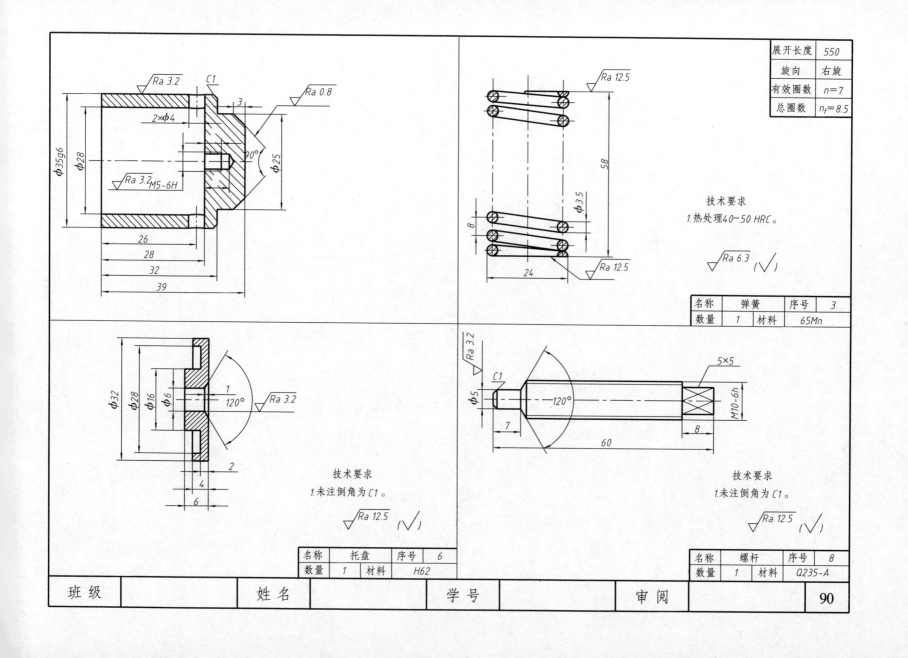

8-3 阅读柱塞泵装配图,拆画泵体和柱塞体零件图。

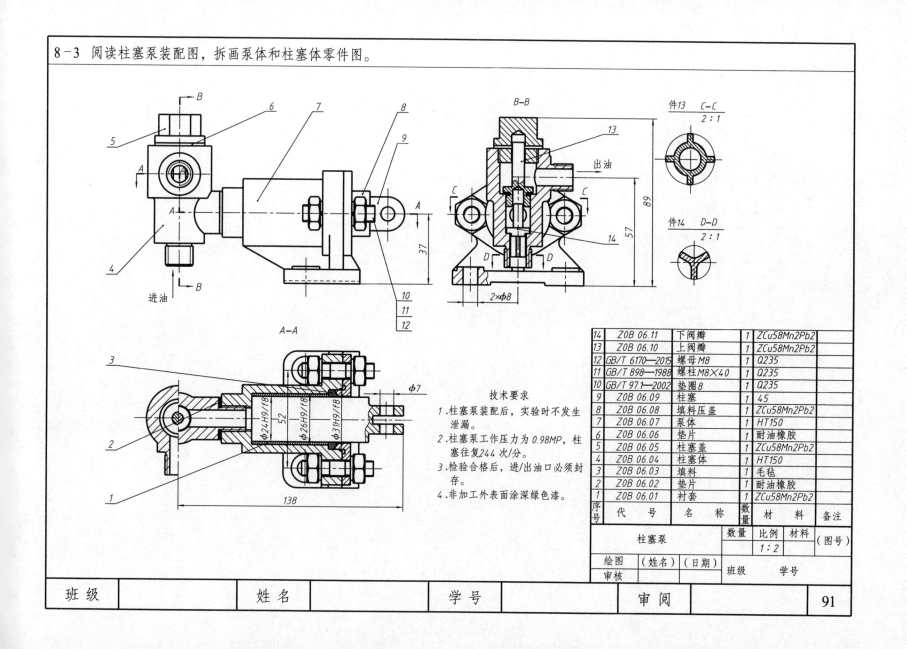

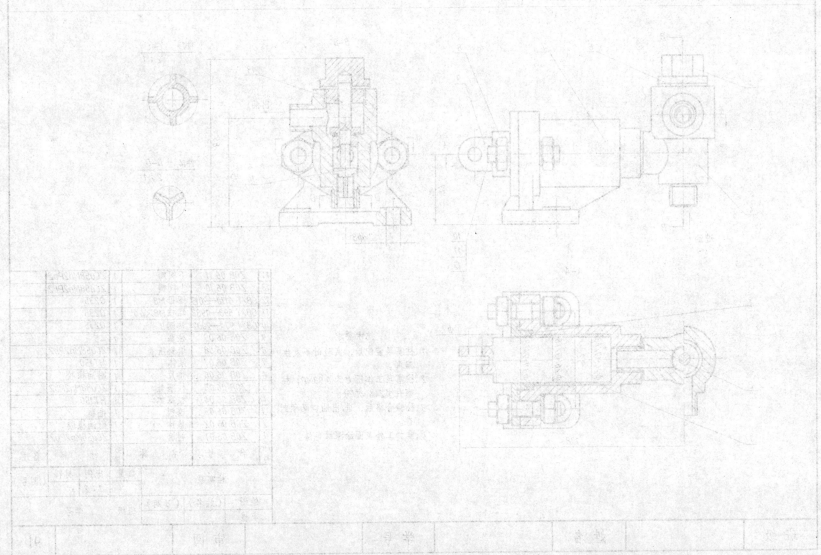

8-4 阅读微动机构装配图，拆画支座、导杆和导套零件图。

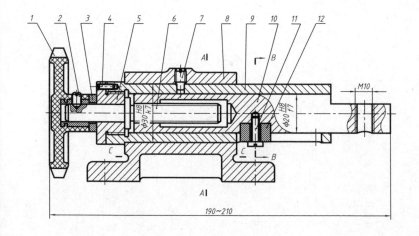
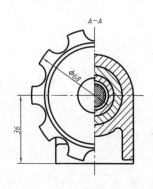
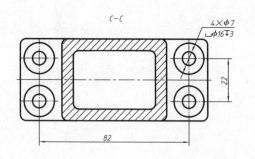

技术要求
1.装配后当转动手轮时，螺杆转动灵活且导杆的轴向移动平稳。

12	GB/T 1096—2003	键8×7×16	1	45	
11	GB/T 65—2016	螺钉M4×12	1	Q235	
10	WOD05.06	导杆	1	45	
9	WOD05.05	导套	1	45	
8	WOD05.04	支座	1	ZL103	
7	GB/T 75—1985	紧定螺钉M6×12	1	Q235	
6	WOD05.03	螺杆	1	45	
5	WOD05.02	轴套	1	45	
4	GB/T 73—2017	紧定螺钉M3×8	1	Q235	
3	GB/T 97.1—2002	垫圈10	1	Q235	
2	GB/T 71—1985	紧定螺钉M5×8	1	Q235	
1	WOD05.01	手轮	1	酚醛树脂	
序号	代号	名称	数量	材料	备注

微动机构　　比例 1:2

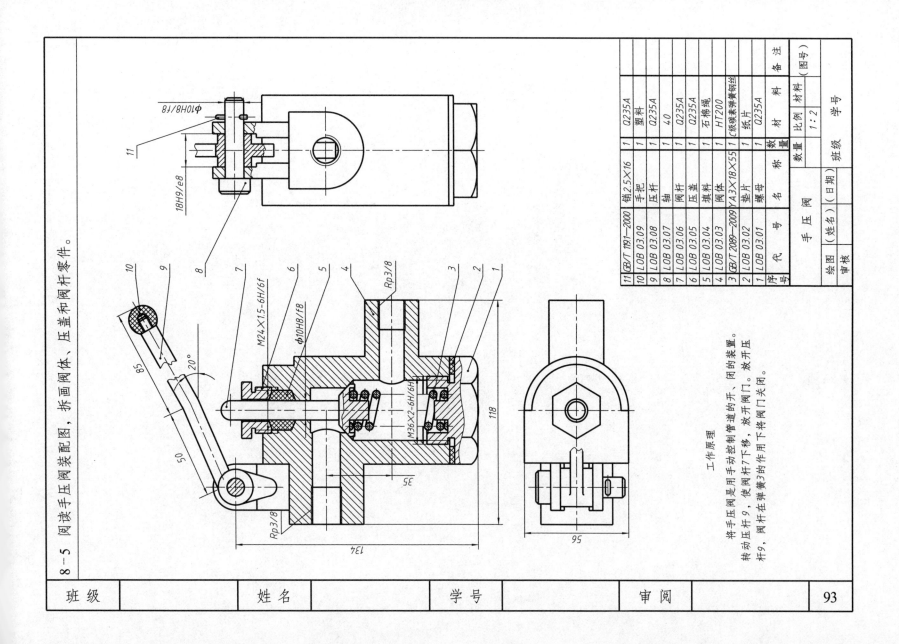

参 考 文 献

[1] 吕海霆，刘军. 现代工程制图习题集 [M]. 北京：机械工业出版社，2012.
[2] 刘军，王琳. 工程制图习题集 [M]. 北京：机械工业出版社，2015.
[3] 王国顺，李宝良. 工程制图 [M]. 北京：北京邮电大学出版社，2009.
[4] 许睦旬. 画法几何及工程制图习题集 [M]. 北京：高等教育出版社，2017.
[5] 赵大兴. 工程制图习题集 [M]. 北京：高等教育出版社，2009.
[6] 李兴田，张丽萍. 工程制图习题集 [M]. 北京：北京理工大学出版社，2013.
[7] 曾红，姚继权. 画法几何及机械制图学习指导 [M]. 北京：北京理工大学出版社，2014.
[8] 李才波，高雪强. 工程制图习题集 [M]. 北京：机械工业出版社，2014.
[9] 杨小兰. 机械制图习题集 [M]. 北京：机械工业出版社，2014.
[10] 包玉梅，周雁丰. 机械制图与 CAD 基础习题集 [M]. 北京：机械工业出版社，2014.
[11] 张佑林. 机械工程图学基础教程习题集 [M]. 第 2 版. 北京：人民邮电出版社，2015.